"十二五"普通高等教育本科国家级规划教材

机械工程测试技术习题与题解

李　佳　王明赞　编

机械工业出版社

本书是依据"机械工程测试技术"课程教学大纲编写的，习题的选择注重联系实际，共 567 题，并附有答案。题型包括判断题、选择题、填空题、简答题和计算与应用题。其中简答题、计算与应用题均有详细答案。本书包括上篇、下篇和自测试卷 3 部分，共 14 章内容。上篇为机械工程测试技术的基础知识，包括信号的分类与描述、测量误差的分析与处理、测量系统的特性、信号的分析与处理、常用传感器的变换原理、信号的调理与记录、计算机数据采集与分析系统；下篇为常用机械工程参数的测量，包括力和扭矩、机械振动、噪声、位移、厚度、温度和流体参数的测量；第 3 部分为自测试卷及答案，共有 3 套自测试卷。

本书可作为机械工程测试技术、传感器与测试技术等本科课程的教材，也可作为报考相关专业硕士研究生、从事机械工程测试技术教学的教师及工程技术人员的参考资料。

图书在版编目（CIP）数据

机械工程测试技术习题与题解/李佳，王明赞编. —北京：机械工业出版社，2020.7（2021.4 重印）

"十二五"普通高等教育本科国家级规划教材

ISBN 978-7-111-65742-2

Ⅰ.①机… Ⅱ.①李… ②王… Ⅲ.①机械工程-测试技术-高等学校-习题集 Ⅳ.①TG806-44

中国版本图书馆 CIP 数据核字（2020）第 092368 号

机械工业出版社（北京市百万庄大街 22 号 邮政编码 100037）
策划编辑：刘小慧 责任编辑：刘小慧 张 丽 王小东
责任校对：肖 琳 封面设计：张 静
责任印制：常天培
北京捷迅佳彩印刷有限公司印刷
2021 年 4 月第 1 版第 2 次印刷
184mm×260mm · 10 印张 · 243 千字
标准书号：ISBN 978-7-111-65742-2
定价：29.00 元

电话服务	网络服务
客服电话：010-88361066	机 工 官 网：www.cmpbook.com
010-88379833	机 工 官 博：weibo.com/cmp1952
010-68326294	金 书 网：www.golden-book.com
封底无防伪标均为盗版	机工教育服务网：www.cmpedu.com

前　言

机械工程测试技术是高等院校机械类专业的一门重要的技术基础课，得到国内外高等院校的普遍重视，已成为机械类各专业本科生的学位课程和研究生的必修课程。机械工程测试技术课程要求学生掌握数学、物理、力学基础等背景知识，其主要的先修课程有高等数学、工程数学、理论力学和材料力学、电工技术和电子技术等。因涉及的学科多、知识点繁杂、理论性和实践性强，学生普遍反映难学难懂。机械工程测试技术作为数理类学科，学生需要做大量的习题和必要的实验才能掌握课程要求的知识和技能。为了提供课程的学习辅导和复习参考，便于学生更好、更深入地理解、掌握和运用测试技术，我们集多年的教学实践经验编写了本书。

本书共 14 章，涉及机械工程测试技术的基础理论和应力、振动、噪声、位移、温度、压强和流量等机械参数的测试技术以及自测试卷，包括信号的分类与描述、测量误差的分析与处理、测量系统的特性、信号的分析与处理、常用传感器的变换原理、信号的调理与记录、计算机数据采集与分析系统、力和扭矩的测量、机械振动的测量、噪声的测量、位移与厚度的测量、温度的测量、流体参数的测量。习题类型包括判断题、单选题、填空题、简答题和计算与应用题，其中判断题、单选题、填空题给出了答案，简答题和计算与应用题给出了详细的分析和解答，计算与应用题在答案前还给出了所运用的知识点。习题覆盖了测试技术课程的基础知识、理论及应用，考核基本概念、基本知识、基本原理、应用能力和知识的拓展能力，可以帮助学生奠定扎实的理论基础，将课程知识灵活运用到工程实际中。本书最后还配套了自测试题，便于学生综合检查课程的学习效果。虽然本书给出了完整的答案，但是建议学生在独立完成作业后再参考知识点和答案。其中部分计算与应用题有多种解法，并且答案繁简不一，仅供参考。

本书可作为机械工程测试技术、传感器与测试技术等本科课程的教材，也可作为报考相关专业的硕士研究生和从事机械工程测试技术教学的教师及工程技术人员的参考资料。

本书编写过程中参考了多种教材和文献，得到了同仁张洪亭、赵飞、孙红春、叶大勇、滕云楠、胡志勇、林贵瑜等的支持和帮助，特此向相关文献的作者及同仁们表示诚挚的感谢。对本书存在的不足和问题，望读者不吝批评和指正。

编　者

目　录

自测试卷及答案

上 篇

机械工程测试技术基础

第1章

信号的分类与描述

1.1 判断题

1. 常值信号、阶跃信号属于功率信号。( )
2. 时域信号持续时间延长，则频域中的高频成分幅值增大。( )
3. 数字信号的特征是时间上离散、幅值上连续。( )
4. 频谱是离散的信号一定是周期信号。( )
5. 瞬变信号频谱是用频谱密度函数来描述，表示单位频宽上的幅值和相位。( )

1.2 单选题

1. 信号幅值不能用确定的时间函数描述的信号是 ( )。
   - （A）复杂周期信号
   - （B）瞬变信号
   - （C）离散信号
   - （D）随机信号
2. 傅里叶级数中的各项系数表示谐波分量的 ( )。
   - （A）周期　　　　（B）相位　　　　（C）幅值　　　　（D）频率
3. 周期信号的频谱是 ( )。
   - （A）离散的，只发生在基频整数倍的频率
   - （B）连续的，随着频率的增大而减小
   - （C）连续的，只在有限区间有非零值
   - （D）离散的，各频率成分的频率比不是有理数
4. 瞬变信号的频谱是 ( )。
   - （A）离散的，只发生在基频整数倍的频率
   - （B）连续的，随着频率的增大而减小
   - （C）连续的，只在有限区间有非零值
   - （D）离散的，各频率成分的频率比不是有理数
5. 对于 $x(t) = 2\sin(2\pi t + 0.5) + \cos(\pi t + 0.2)$ 和 $y(t) = e^{-t}\sin(\pi t + 0.5)$ 两个信号，下面

的描述正确的是（　　　）。

　　（A）$x(t)$ 是周期信号，$y(t)$ 是瞬变信号

　　（B）$y(t)$ 是周期信号，$x(t)$ 是瞬变信号

　　（C）都是周期信号

　　（D）都是瞬变信号

6. 若 $F[x(t)] = X(f)$，k 为大于零的常数，则 $F[x(kt)] = ($　　　$)$。

　　（A）$X\left(\dfrac{f}{k}\right)$ 　　　　　　（B）$kX(kf)$ 　　　　　　（C）$\dfrac{1}{k}X(kf)$ 　　　　　　（D）$\dfrac{1}{k}X\left(\dfrac{f}{k}\right)$

7. 若时域信号为 $x(t) \times y(t)$，则相应的频域信号为（　　　）。

　　（A）$X(f) \times Y(f)$ 　　　　（B）$X(f) + Y(f)$

　　（C）$X(f) * Y(f)$ 　　　　（D）$X(f) - Y(f)$

8. 方波是由（　　　）合成的。

　　（A）奇次谐波的时间波形

　　（B）偶次谐波的时间波形

　　（C）包括奇次谐波和偶次谐波的时间波形

　　（D）以上都不是

9. 在以下傅里叶变换对中，（　　　）是不正确的。

　　（A）$\delta(t) \Leftrightarrow 1$

　　（B）$1 \Leftrightarrow 2\pi\delta(\omega)$

　　（C）$\delta(t - t_0) \Leftrightarrow e^{-j2\pi f t_0}$

　　（D）$e^{-j2\pi f t_0} \Leftrightarrow \delta(f - f_0)$

10. 已知 $x(t) = 16\sin\omega t$，$\delta(t)$ 为单位脉冲函数，则积分 $\displaystyle\int_{-\infty}^{+\infty} x(t)\delta\left(t - \dfrac{\pi}{2\omega}\right)\mathrm{d}t$ 的函数值为（　　　）。

　　（A）8 　　　　　　（B）0 　　　　　　（C）16 　　　　　　（D）任意值

11. 由频率比为无理数的正弦信号合成的信号为（　　　）信号。

　　（A）复杂周期 　　　　（B）准周期 　　　　（C）瞬态 　　　　（D）随机

12. 各态历经信号属于下面哪一种类型的信号（　　　）。

　　（A）复杂周期信号

　　（B）平稳随机信号

　　（C）非平稳随机信号

　　（D）准周期信号

1.3　填空题

1. 能用确切数学式表达的信号称为（　　　　　）信号，不能用确切数学式表达的信号称为（　　　）信号。

2. 若周期信号的周期为 T，则在其幅值谱中，谱线高度表示（　　　　　）。

3. 任何样本的时间平均等于总体平均（即集合平均）的随机信号被称为（　　　　　　）

信号。

4. 若信号的自变量和幅值都是连续的，则称为（　　　　）信号；若信号的自变量和幅值都是离散的，则称为（　　　　）信号。

5. 实际测试中常把随机信号按（　　　　）处理，于是可以通过测得的有限个函数的时间平均值估计整个随机过程。

6. 已知一个正弦信号，从任意时刻开始记录其波形，所得正弦波的（　　　　）是随机变量。

1.4　简答题

1. 在时域中，比较周期信号和瞬变信号的相同点和不同点。

答：周期信号和瞬变信号都可以用确定性的数学函数表示。周期信号以一定的时间间隔呈现周期性，瞬变信号只在有限区间，有非零值或随时间延续衰减到零。

2. 瞬变信号的频谱与周期信号的频谱有何相同点和不同点？

答：瞬变信号的幅值频谱 $|X(f)|$ 与周期信号的幅值频谱 $|c_n|$ 均为幅值频谱，但 $|c_n|$ 的量纲与信号幅值的量纲一样，$|X(f)|$ 的量纲与信号幅值的量纲不一样，它是单位频宽上的幅值。

瞬变信号的频谱具有连续性和衰减性；周期信号的频谱具有离散性、谐波性和收敛性。

3. 试述平稳随机信号与各态历经信号的特点及相互关系？

答：平稳随机信号的统计特征不随时间的平移而变化。平稳随机信号可分为各态历经信号和非各态历经信号。如果平稳随机信号的时间平均等于集合平均，则称其为各态历经信号。

1.5　计算与应用题

1. 求双边指数函数 $x(t) = \begin{cases} e^{-at} & t \geq 0 \\ e^{at} & t < 0 \end{cases}$ （$a>0$）的频谱函数。

知识点：瞬变信号的频谱为其时域信号的傅里叶变换，即

$$X(f) = \int_{-\infty}^{+\infty} x(t) e^{-j2\pi ft} dt$$

解：$x(t)$ 是一个非周期信号，它的频谱函数是傅里叶变换的结果，即

$$X(f) = \int_{-\infty}^{+\infty} x(t) e^{-j2\pi ft} dt = \int_{-\infty}^{0} e^{at} e^{-j2\pi ft} dt + \int_{0}^{+\infty} e^{-at} e^{-j2\pi ft} dt$$

$$= \int_{-\infty}^{0} e^{(a-j2\pi f)t} dt + \int_{0}^{+\infty} e^{-(a+j2\pi f)t} dt$$

$$= \frac{1}{a - j2\pi f} + \frac{1}{a + j2\pi f} = \frac{2a}{a^2 + (2\pi f)^2}$$

2. 求图 1-1 所示周期三角脉冲的傅里叶级数（三角函数形式和复指数形式）的频谱。周期三角脉冲的数学表达式为

$$x(t) = \begin{cases} A + \dfrac{2A}{T}t & -\dfrac{T}{2} \leqslant t < 0 \\ A - \dfrac{2A}{T}t & 0 \leqslant t < \dfrac{T}{2} \end{cases}$$

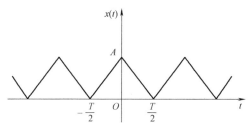

图 1-1 周期三角脉冲

知识点：周期信号的频谱—傅里叶级数：

（1）三角函数展开式为

$$x(t) = a_0 + \sum_{n=1}^{+\infty} (a_n \cos n\omega_0 t + b_n \sin n\omega_0 t)$$

$$a_0 = \frac{1}{T_0} \int_{-T_0/2}^{T_0/2} x(t)\,\mathrm{d}t$$

$$a_n = \frac{2}{T_0} \int_{-T_0/2}^{T_0/2} x(t) \cos n\omega_0 t\,\mathrm{d}t$$

$$b_n = \frac{2}{T_0} \int_{-T_0/2}^{T_0/2} x(t) \sin n\omega_0 t\,\mathrm{d}t$$

（2）复指数展开式为

$$x(t) = \sum_{n=-\infty}^{+\infty} c_n \mathrm{e}^{\mathrm{j}n\omega_0 t} \quad n = 0, \pm 1, \pm 2, \cdots$$

$$c_n = \frac{1}{T_0} \int_{-T_0/2}^{T_0/2} x(t) \mathrm{e}^{-\mathrm{j}n\omega_0 t}\,\mathrm{d}t$$

解：将 $x(t)$ 展开成三角函数形式的傅里叶级数，计算傅里叶系数。

因 $x(t)$ 是偶函数，所以

$$b_n = 0$$

$$a_0 = \frac{1}{T} \int_{-T/2}^{T/2} x(t)\,\mathrm{d}t = \frac{1}{T} \frac{TA}{2} = \frac{A}{2}$$

$$a_n = \frac{2}{T} \int_{-T/2}^{T/2} x(t) \cos n\omega_0 t\,\mathrm{d}t = \frac{4}{T} \int_{0}^{T/2} \left(A - \frac{2A}{T}t \right) \cos n\omega_0 t\,\mathrm{d}t = \frac{4}{T} \int_{0}^{T/2} \left(-\frac{2A}{T}t \right) \cos n\omega_0 t\,\mathrm{d}t$$

$$= -\frac{8A}{T^2} \int_{0}^{T/2} t \cos n\omega_0 t\,\mathrm{d}t$$

分部积分计算的竖式为

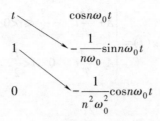

于是，有

$$a_n = -\frac{8A}{T^2}\left(\frac{t}{n\omega_0}\sin n\omega_0 t + \frac{1}{n^2\omega_0^2}\cos n\omega_0 t\right)\bigg|_0^{T/2}$$

$$= \begin{cases} \dfrac{4A}{n^2\pi^2} & n = 1,3,5,\cdots \\ 0 & n = 2,4,6,\cdots \end{cases}$$

由此得 $x(t)$ 的三角函数形式傅里叶级数展开式为

$$x(t) = \frac{A}{2} + \frac{4A}{\pi^2}\sum_{(n=1,3,\cdots)}^{+\infty}\frac{1}{n^2}\cos n\omega_0 t$$

n 次谐波分量的幅值为

$$A_n = \sqrt{a_n^2 + b_n^2} = \frac{4A}{n^2\pi^2}$$

n 次谐波分量的相位为

$$\varphi_n = \arctan\frac{a_n}{b_n} = \frac{\pi}{2}$$

将 $x(t)$ 展开成复数形式的傅里叶级数，计算傅里叶系数为

$$c_0 = \frac{1}{T}\int_{-T/2}^{T/2} x(t)\,\mathrm{d}t = \frac{A}{2}$$

$$c_n = \frac{1}{T}\int_{-T/2}^{T/2} x(t)\mathrm{e}^{-jn\omega_0 t}\mathrm{d}t = \frac{1}{T}\int_{-T/2}^{T/2} x(t)(\cos n\omega_0 t - j\sin n\omega_0 t)\mathrm{d}t$$

$$= \frac{1}{T}\int_{-T/2}^{T/2} x(t)\cos n\omega_0 t\,\mathrm{d}t$$

$$= \begin{cases} \dfrac{2A}{n^2\pi^2} & n = \pm 1, \pm 3, \pm 5,\cdots \\ 0 & n = \pm 2, \pm 4, \pm 6,\cdots \end{cases}$$

由此得 $x(t)$ 的复指数形式傅里叶级数展开式为

$$x(t) = \frac{A}{2} + \frac{2A}{\pi^2}\sum_{(n=\pm 1, \pm 3,\cdots)}^{\infty}\frac{1}{n^2}\mathrm{e}^{jn\omega_0 t}$$

n 次谐波分量的幅值为

$$|c_n| = |c_{-n}| = \frac{2A}{n^2\pi^2}$$

n 次谐波分量的相位为

$$\varphi_n = 0$$

3. 求被矩形窗截断的余弦函数 $\cos\omega_0 t$（见图 1-2）的频谱，并画实频谱图。

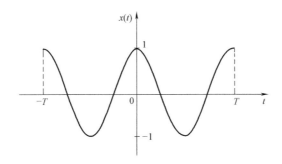

图 1-2 被矩形窗截断的余弦函数

知识点：

（1）函数的复指数表达式和三角函数表达式之间的关系由欧拉公式表示为

$$e^{\pm jn\omega_0 t} = \cos n\omega_0 t \pm j\sin n\omega_0 t$$

（2）傅里叶变换的奇偶虚实性，时域中的实偶函数，在频域也为实偶函数。

（3）矩形窗函数的频谱表达式为

$$W_R(f) = T\frac{\sin(\pi fT)}{\pi fT} = T\mathrm{sinc}(\pi fT)$$

解：
$$x(t) = \begin{cases} \cos\omega_0 t & |t| < T \\ 0 & |t| \geqslant T \end{cases}$$

$$X(\omega) = \int_{-T}^{T} \cos\omega_0 t \cdot e^{-j\omega t}dt = 2\int_{0}^{T}\cos\omega_0 t\cos\omega t dt$$

$$= \int_{0}^{T}\left[\cos(\omega+\omega_0)t + \cos(\omega-\omega_0)t\right]dt$$

$$= \frac{\sin\left[(\omega+\omega_0)T\right]}{\omega+\omega_0} + \frac{\sin\left[(\omega-\omega_0)T\right]}{\omega-\omega_0}$$

$$= T\mathrm{sinc}\left[(\omega+\omega_0)T\right] + T\mathrm{sinc}\left[(\omega-\omega_0)T\right]$$

或者

$$X(\omega) = \int_{-T}^{T}\cos(\omega_0 t)e^{-j\omega t}dt$$

$$= \frac{1}{2}\int_{-T}^{T}\left[e^{-j(\omega+\omega_0)t} + e^{-j(\omega-\omega_0)t}\right]dt$$

$$= T\mathrm{sinc}\left[(\omega+\omega_0)T\right] + T\mathrm{sinc}\left[(\omega-\omega_0)T\right]$$

实频谱图如图 1-3 所示。

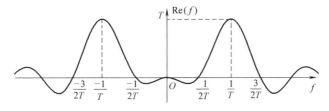

图 1-3 被矩形窗截断的余弦函数的实频谱图

4. 求指数衰减函数 $x(t) = \mathrm{e}^{-at}\cos\omega_0 t$ 的幅频谱函数 $|X(f)|$，（$a>0$，$t \geqslant 0$），且 ω_0 值足够大，满足当 $|f| > f_0 = \dfrac{\omega_0}{2\pi}$ 时，$x(f) = 0$。

知识点：两个时间函数乘积的傅里叶变换等于它们各自傅里叶变换的卷积。

解：单边指数函数 $y(t) = \begin{cases} \mathrm{e}^{-at} & (t \geqslant 0,\ a>0) \\ 0 & (t<0) \end{cases}$ 的傅里叶变换：

$$Y(\omega) = \int_{-\infty}^{+\infty} y(t)\mathrm{e}^{-\mathrm{j}\omega t}\,\mathrm{d}t = \int_{0}^{+\infty} \mathrm{e}^{-at}\mathrm{e}^{-\mathrm{j}\omega t}\,\mathrm{d}t = \frac{1}{a+\mathrm{j}\omega}$$

因为

$$\cos\omega_0 t = \frac{\mathrm{e}^{-\mathrm{j}\omega_0 t} + \mathrm{e}^{\mathrm{j}\omega_0 t}}{2}$$

由频移性质，有

$$X(\omega) = \frac{1}{2}\left[\frac{1}{a+\mathrm{j}(\omega+\omega_0)} + \frac{1}{a+\mathrm{j}(\omega-\omega_0)}\right]$$

于是，有

$$|X(f)| = \frac{1}{2}\left[\frac{1}{\sqrt{a+4\pi^2(f+f_0)}} + \frac{1}{\sqrt{a+4\pi^2(f-f_0)}}\right]$$

5. 已知信号 $x(t)$ 为单边指数函数，其频谱为 $X(f) = \dfrac{A}{a+\mathrm{j}2\pi f}$，求以下信号的频谱函数表达式。

(1) $x(t)\mathrm{e}^{-\mathrm{j}2\pi f_0 t}$　　　(2) $x(t) * x(t)$　　　(3) $x(t+3t_0)$　　　(4) $x\left(\dfrac{1}{2}t\right)$

知识点：傅里叶变换的几个常用性质见表 1-1。

表 1-1　傅里叶变换的常用性质

频移性质	$x(t)\mathrm{e}^{\pm\mathrm{j}2\pi f_0 t} \Leftrightarrow X(f \mp f_0)$
时域卷积性质	$x_1(t) * x_2(t) \Leftrightarrow X_1(f)X_2(f)$
时移性质	$x(t \pm t_0) \Leftrightarrow X(f)\mathrm{e}^{\pm\mathrm{j}2\pi f t_0}$
尺度改变性质	$x(kt) \Leftrightarrow \dfrac{1}{k}X\left(\dfrac{f}{k}\right)$　　　$(k>0)$

解：

(1) 由频移性质，有

$$x(t)\mathrm{e}^{-\mathrm{j}2\pi f_0 t} \Leftrightarrow X(f+f_0) = \frac{A}{a+\mathrm{j}2\pi(f+f_0)}$$

(2) 由卷积性质，有

$$x(t) * x(t) \Leftrightarrow X(f)X(f) = \left(\frac{A}{a+\mathrm{j}2\pi f}\right)^2$$

(3) 由时移性质，有

$$x(t+3t_0) \Leftrightarrow X(f)\mathrm{e}^{\mathrm{j}2\pi f 3t_0} = \frac{A}{a+\mathrm{j}2\pi f}\mathrm{e}^{\mathrm{j}6\pi f t_0}$$

（4）由时间尺度改变性质，有

$$x\left(\frac{1}{2}t\right) \Leftrightarrow 2X(2f) = \frac{2A}{a+\text{j}2\pi 2f} = \frac{2A}{a+\text{j}4\pi f}$$

1.6 判断单选填空题答案

1.6.1 判断题答案

1. 对；2. 错；3. 错；4. 错；5. 对

1.6.2 单选题答案

1. D；2. C；3. A；4. B；5. A；6. D；7. C；8. A；9. D；10. C；11. B；12. B

1.6.3 填空题答案

1. 确定性，非确定性（随机）
2. 相应频率分量的幅值
3. 各态历经
4. 模拟，数字
5. 各态历经信号
6. 初相位

第2章

测量误差的分析与处理

2.1 判断题

1. 对多次测量的数据取算数平均值, 可以减小随机误差的影响。(   )
2. 增加测量次数能减少系统误差对测量结果的影响。(   )
3. 测量的准确度高, 意味着测量的平均值与真实值偏离较小。(   )
4. 描述随机变量中心趋势的仅有两个参数即中位数和平均值。(   )
5. 变值系统误差影响测量结果的精确度。(   )
6. 常用偏差核算法检查测量数据中是否存在周期性系统误差。(   )

2.2 单选题

1. 使用一个温度探测器时, 下列关于误差的描述中, 不正确的是 (   )。
   - (A) 滞后是系统误差
   - (B) 重复性反映系统误差
   - (C) 零漂反映系统误差
   - (D) 分辨率误差是随机误差
2. 如果多次重复测量时存在恒值系统误差, 那么下列结论中不正确的是 (   )。
   - (A) 测量值的算术平均值中包含恒值系统误差
   - (B) 在偏差核算过程中, 前后两组的离差和的差值显著不为零
   - (C) 修正恒值系统误差的方法是引入与其大小相等, 符号相反的修正值
   - (D) 恒值系统误差对离差的计算结果不产生影响
3. 下列关于测量误差和测量精度的描述中, 正确的是 (   )。
   - (A) 测量中的随机误差越小, 测量的正确度越高
   - (B) 精密度反映测量中系统误差的大小
   - (C) 在排除系统误差的条件下, 准确度和精密度是一致的, 统称为精确度
   - (D) 可以根据测量仪表的精度修正测量的结果

2.3 填空题

1. 在随机误差分析中, 标准误差 σ 越小, 说明信号波动越 (   )。

2. (　　　　　) 是对应于事件发生概率峰值的随机变量的值。

3. (　　　　　) 误差的大小决定测量数值的正确度。

4. (　　　　　) 误差的大小决定测量数值的精密度。

5. 引用误差是测量的 (　　　　　) 误差与仪表的测量上限或量程之比。

6. 在实际测量中，测量次数总是有限的。为了区别绝对误差，可以用 (　　　　　) 表示测量值与有限次测量的平均值之差。

2.4　简答题

1. 请说明应用偏差核算法检查测量数据中是否存在线性系统误差的方法。

答：如果在测量过程中出现的随机误差比较大，常用偏差核算法检查测量列中是否存在线性系统误差。方法如下：

将测得值按测量先后顺序排列，求得测量数据的平均值和偏差 d_i，并将其分为前半组 k 个和后半组 k 个，两组偏差分别求和后相减，有

$$\Delta = \sum_{i=1}^{k} d_i - \sum_{i=k+1}^{n} d_i$$

前后两部分偏差和的差值取决于系统误差，因线性系统误差前后两组的符号相反，则 Δ 值将随 n 的增大而增大。因此，若 Δ 值显著不为零，则说明测量列中含有线性系统误差。

2. 在足够多次的测量数据中，如何根据莱茵达准则和肖维纳准则确定测量数据的取舍？

答：确定测量数据舍弃的步骤可归纳如下：

(1) 求出测量数据的算术平均值 $\bar{x}$ 及标准差（方均根误差）σ。

(2) 将可疑数据的误差 δ_i 与上述准则做比较，凡绝对值大于 3σ 或 $c\sigma$（肖维纳准则 c 值通过查表得到）的就舍弃。

(3) 舍弃数据后，重复上述步骤 1 过程（重新计算测量数据的算术平均值 $\bar{x}'$ 及标准差 σ'）。

(4) 检查是否还有超出上述步骤 2 准则的数据，予以舍弃。

(5) 重复步骤 3、4，直至数据满足步骤 2 准则。

3. 实验数据处理的主要内容是什么？

答：实验数据处理的主要内容一般包括计算平均值、标准差。根据准则剔除可疑数据，去掉不合理的倾向（系统误差），判断实验数据的可靠程度和误差的大小，进行必要的分析。

4. 什么是测量误差？按误差产生原因，测量误差有哪几种类型和表示方法？

答：测量误差是测量结果与被测量真值之差。

按误差产生的原因，可分为系统误差、随机误差和粗大误差。

误差表示的方法有绝对误差、相对误差和引用误差。

2.5　计算与应用题

1. 表 2-1 所示是某长度的测量结果，试计算测量数据的标准离差、均值、中位数和众数。

表 2-1 长度的测量结果

序号	1	2	3	4	5	6	7	8	9	10
读数 x/cm	49.3	50.1	48.9	49.2	49.3	50.5	49.9	49.2	49.8	50.2

知识点：

（1）测量值按大小次序排列，中位数是位于序列中间数据的值，或位于中间的两个数据的平均值（若序列中元素的数量为偶数）。

（2）众数是出现概率最大的随机变量的值。

解： 均值

$$\bar{x} = \sum_{i=1}^{10} x_i = 49.64 \text{cm}$$

标准离差

$$S = \sqrt{\sum_{i=1}^{10} \frac{(x_i - \bar{x})^2}{10 - 1}} = 0.5296$$

数据从小到大排列为

48.9　49.2　49.2　49.3　49.3　49.8　49.9　50.1　50.2　50.5

所以

$$中位数 = (49.3 + 49.8)/2 = 49.55$$

$$众数：49.2，49.3$$

2. 为测定某一地区的风速，在一定时间内采集 40 个样本。测量的平均值为 30km/h，样本的标准离差为 2km/h。试确定风速平均值为 95% 的置信区间。

知识点： 总体均值的置信区间估计公式为

$$\bar{x} - \frac{z_{\alpha/2} S}{\sqrt{n}} \leqslant \mu \leqslant \bar{x} + \frac{z_{\alpha/2} S}{\sqrt{n}}$$

解： 期望的置信水平是 95%，$1-\alpha = 0.95$，$\alpha = 0.05$。因为样本数大于 30，所以可以使用正态分布确定置信区间，在 $z=0$ 和 $z=\alpha/2$ 之间的概率（面积）为 $0.5-\alpha/2 = 0.475$。可以把这个概率（面积）值带进正态分布表求出相应的 $z_{\alpha/2}$ 值，查表 $z_{\alpha/2}$ 值为 1.96。把样本标准离差 S 作为近似的样本标准差 σ，可以估计 μ 的误差区间为

$$\bar{x} - \frac{z_{\alpha/2} S}{\sqrt{n}} \leqslant \mu \leqslant \bar{x} + \frac{z_{\alpha/2} S}{\sqrt{n}}$$

$$30 - 1.96 \times \frac{2}{6.3245} \leqslant \mu \leqslant 30 + 1.96 \times \frac{2}{6.3245}$$

$$30 - 0.62 \leqslant \mu \leqslant 30 + 0.62$$

这可以陈述为置信水平 95% 的平均风速值预计为 (30 ± 0.62)km/h。

3. 为估计一种录像机（VCR）的废品率，10 个被试验的系统有故障发生。计算的平均寿命和标准离差分别为 1500h 和 150h。

（1）试估计这些系统在 95% 置信区间的寿命平均值。

（2）对于 ±50h 偏差的寿命平均值，在这些系统中，试验多少次才得到 95% 的置信区间？

知识点：对于正态分布，均值置信区间估计公式为

$$\bar{x}-\frac{z_{\alpha/2}S}{\sqrt{n}}\leqslant\mu\leqslant\bar{x}+\frac{z_{\alpha/2}S}{\sqrt{n}}$$

当样本数 $n<30$，使用 t 分布估计置信区间，公式为

$$\bar{x}-\frac{t_{\alpha/2}S}{\sqrt{n}}\leqslant\mu\leqslant\bar{x}+\frac{t_{\alpha/2}S}{\sqrt{n}}$$

解：

（1）因为样本数 $n<30$，所以使用 t 分布估计置信区间。与置信水平 95% 对应的 α 为 0.05。由 t 分布表可知，当 $\nu=n-1=9$ 和 $\alpha/2=0.025$，有 $t_{\alpha/2}=2.262$。由 95% 的置信区间可知，平均故障时间将为

$$\mu=\bar{x}\pm t_{\alpha/2}\frac{S}{\sqrt{n}}=\left(1500\pm2.262\times\frac{150}{\sqrt{10}}\right)h=(1500\pm107)h$$

置信水平 95% 的置信区间的寿命平均值为 $(1500\pm107)h$。

应该注意，如果增加置信水平，则估计的区间也将扩展，反之亦然。

（2）因为预先未知样本数，所以不能选择适当的 t 分布曲线。因此用试算法来求解。为了获得样本数 n 的初步估计，假设 $n>30$，因此可以使用正态分布。置信区间为

$$\bar{x}\pm z_{\alpha/2}\frac{\sigma}{\sqrt{n}}=\bar{x}\pm50$$

于是，有

$$z_{\alpha/2}\frac{\sigma}{\sqrt{n}}=50 \text{ 和 } n=\left(z_{\alpha/2}\frac{\sigma}{50}\right)^2$$

由正态分布表查得 $z_{\alpha/2}=1.96$，于是，有

$$n=\left(z_{\alpha/2}\frac{\sigma}{50}\right)^2=\left(1.96\times\frac{150}{50}\right)^2\approx35$$

4. 为合理估计一锅炉 NO_2 的排量，对废气进行 15 次试验。排量的平均值为 25×10^{-6}，标准差为 3×10^{-6}。试确定炉锅 NO_2 排量的标准差为 95% 的置信区间。

知识点：总体方差的置信区间估计公式为

$$\frac{(n-1)S^2}{\chi^2_{\nu,\alpha/2}}\leqslant\sigma^2\leqslant\frac{(n-1)S^2}{\chi^2_{\nu,1-\alpha/2}}$$

解：设总体是正态分布的，有

$$\nu=n-1=14 \quad \alpha=1-0.95=0.05 \quad \alpha/2=0.025$$

对 $\nu=14$，$\alpha/2=0.025$ 和 $1-\alpha/2=0.975$，查表有

$$\chi^2_{14,0.025}=26.119 \text{ 和 } \chi^2_{14,0.975}=5.6287$$

于是，可以确定标准差的区间为

$$(15-1)\times3^2/26.119\leqslant\sigma^2\leqslant(15-1)\times3^2/5.6287 \text{ 即 } 4.824\leqslant\sigma^2\leqslant22.385$$

$$2.196\leqslant\sigma\leqslant4.731$$

5. 为了计算一个电阻性电路功率消耗，已测得电压和电流为 $U=(100\pm2)V$，$I=(10\pm0.2)A$。假设 U 和 I 的置信水平相同，试求计算功率时的最大可能误差及最佳估计误差。要

使功率最佳估计误差达到±10W，电压和电流应限制在什么范围（两者误差的变化率相等）？

知识点：

（1）间接误差传递公式为

$$\Delta y = \sum_{i=1}^{n} c_i \Delta x_i \qquad c_i = \frac{\partial f}{\partial x_i} \qquad (i = 1, 2, \cdots, n)$$

（2）最大误差为

$$\Delta y = \sum_{i=1}^{n} |c_i \Delta x_i|$$

（3）最佳估计误差为

$$\Delta y = \left[\sum_{i=1}^{n} (c_i \Delta x_i)^2 \right]^{\frac{1}{2}}$$

解： $P = UI$，计算 P 对 U 和 I 的偏导数为

$$\frac{\partial P}{\partial U} = I = 10\text{A} \qquad \frac{\partial P}{\partial I} = U = 100\text{V}$$

于是，有最大可能误差

$$(w_P)_{\max} = \left| \frac{\partial P}{\partial U} w_U \right| + \left| \frac{\partial P}{\partial I} w_I \right| = (10 \times 2 + 100 \times 0.2)\text{W} = 40\text{W}$$

最佳估计误差

$$w_P = \left[\left(\frac{\partial P}{\partial U} w_U \right)^2 + \left(\frac{\partial P}{\partial I} w_I \right)^2 \right]^{1/2} = \left[(10 \times 2)^2 + (100 \times 0.2)^2 \right]^{1/2}\text{W} = 28.3\text{W}$$

$$2 \times 10/28.3\text{V} = 0.71\text{V}$$

$$0.2 \times 10/28.3\text{A} = 0.071\text{A}$$

电压和电流分别为

$$U = (100 \pm 0.71)\text{V}$$

$$I = (10 \pm 0.071)\text{A}$$

注： 最大误差 40W 是功率的 4%（$P = UI = 100 \times 10\text{W} = 1000\text{W}$），而均方根误差估计 28.3W 是功率的 2.8%，最大误差的估算值在大多数情况下过高。

6. 用孔板流量计测量流体的流量。在实验中，孔板的流量系数 K 是通过收集在一定的时间内和恒定的水头下流过孔板的水，并秤其重量而获得的。K 的计算公式为

$$K = \frac{M}{t A \rho (2g\Delta h)^{1/2}}$$

已知在 95% 置信水平下的参数值如下：

（1）质量：$M = (865.00 \pm 0.05)\text{kg}$。

（2）时间：$t = (600.0 \pm 1)\text{s}$。

（3）密度：$\rho = (62.36 \pm 0.1)\text{kg/m}^3$。

（4）直径：$d = (0.500 \pm 0.001)\text{cm}$（$A$ 是面积）。

（5）水头：$\Delta h = (12.02 \pm 0.01)\text{m}$。

求 K 值及其误差（95% 的置信水平）和最大可能误差。

知识点：

（1）间接误差传递公式为

$$\Delta y = \sum_{i=1}^{n} c_i \Delta x_i \qquad c_i = \frac{\partial f}{\partial x_i}(i = 1, 2, \cdots, n)$$

（2）最大误差为

$$\Delta y = \sum_{i=1}^{n} |c_i \Delta x_i|$$

解：

$$K = \frac{M}{tA\rho(2g\Delta h)^{1/2}} = \frac{4 \times 865}{600 \times 3.1416 \times 0.005^2 \times 63.26 \times (2 \times 9.8 \times 12.02)^{1/2}} = 75.6179$$

$$\frac{w_K}{K} = \left[\left(\frac{w_M}{M}\right)^2 + \left(\frac{w_t}{t}\right)^2 + \left(\frac{w_\rho}{\rho}\right)^2 + \left(2\frac{w_d}{d}\right)^2 + \left(\frac{w_{\Delta h}}{2\Delta h}\right)^2 \right]^{1/2}$$

$$= \left[\left(\frac{0.05}{865}\right)^2 + \left(\frac{1}{600}\right)^2 + \left(\frac{0.1}{62.36}\right)^2 + \left(2 \times \frac{0.001}{0.5}\right)^2 + \left(\frac{0.01}{2 \times 12.02}\right)^2 \right]^{1/2}$$

$$= (3.341 \times 10^{-9} + 2.7778 \times 10^{-6} + 2.5715 \times 10^{-6} + 16 \times 10^{-6} + 0.1730 \times 10^{-6})^{1/2}$$

$$= 4.640 \times 10^{-3}$$

$$w_K = 75.6179 \times 4.640 \times 10^{-3} = 0.3509$$

$$\frac{w_{K\max}}{K} = \frac{w_M}{M} + \frac{w_t}{t} + \frac{w_\rho}{\rho} + 2\frac{w_d}{d} + \frac{w_{\Delta h}}{2\Delta h}$$

$$= \frac{0.05}{865} + \frac{1}{600} + \frac{0.1}{62.36} + 2 \times \frac{0.001}{0.5} + \frac{0.01}{2 \times 12.02}$$

$$= 7.744 \times 10^{-3}$$

$$w_{K\max} = 75.6179 \times 7.744 \times 10^{-3} = 0.5856$$

7. 变量 R_1、R_2、R_3 和 R_4 与三个独立变量 x_1、x_2 和 x_3 之间的关系为

$$R_1 = ax_1 + bx_2 + cx_3$$

$$R_2 = dx_1 x_2 x_3$$

$$R_3 = ex_1 x_2 / x_3$$

$$R_4 = f x_1^g x_2^h x_3^i$$

式中，a、b、c、d、e、f、g、h、i 均为常数。在每种情况中就单个变量的误差推导结果的误差 w_R。

知识点：

（1）间接误差传递公式为

$$c_i = \frac{\partial f}{\partial x_i}(i = 1, 2, \cdots, n) \qquad \Delta y = \sum_{i=1}^{n} c_i \Delta x_i$$

（2）最佳估计误差为

$$\Delta y = \left[\sum_{i=1}^{n} (c_i \Delta x_i)^2 \right]^{\frac{1}{2}}$$

解：

$$w_{R1} = \left[(aw_{x1})^2 + (bw_{x2})^2 + (cw_{x3})^2 \right]^{1/2}$$

$$w_{R2} = \left[\left(\frac{w_{x1}}{x_1} \right)^2 + \left(\frac{w_{x2}}{x_2} \right)^2 + \left(\frac{w_{x3}}{x_3} \right)^2 \right]^{1/2} R_2$$

$$w_{R3} = \left[\left(\frac{w_{x1}}{x_1} \right)^2 + \left(\frac{w_{x2}}{x_2} \right)^2 + \left(\frac{w_{x3}}{x_3} \right)^2 \right]^{1/2} R_3$$

$$w_{R4} = \left[\left(g \frac{w_{x1}}{x_1} \right)^2 + \left(h \frac{w_{x2}}{x_2} \right)^2 + \left(i \frac{w_{x3}}{x_3} \right)^2 \right]^{1/2} R_4$$

8. 杨氏弹性模量（E）通过关系式 $F/A = E(\Delta L / L)$ 建立了固体中的应变 $\Delta L / L$ 与外应力 F/A 之间的关系。使用一台拉力机确定 E，并且 F、L、ΔL 和 A 都已被测出。它们置信水平为 95% 的误差分别是 0.5%、1%、5% 和 1.5%。试计算这些被测量中的哪一个对误差的影响最大？如何通过改变对 E 的误差影响最大的参数的误差，使 E 的误差减少 50%？

知识点：

（1）间接误差传递公式为

$$\Delta y = \sum_{i=1}^{n} c_i \Delta x_i \qquad c_i = \frac{\partial f}{\partial x_i} \quad (i = 1, 2, \cdots, n)$$

（2）最佳估计误差为

$$\Delta y = \left[\sum_{i=1}^{n} (c_i \Delta x_i)^2 \right]^{\frac{1}{2}}$$

解：

$$E = \frac{FL}{A \Delta L}$$

$$w_E = \left[\left(\frac{w_F}{F} \right)^2 + \left(\frac{w_L}{L} \right)^2 + \left(\frac{w_{\Delta L}}{\Delta L} \right)^2 + \left(\frac{w_A}{A} \right)^2 \right]^{1/2} E$$

$$= (0.005^2 + 0.01^2 + 0.05^2 + 0.015^2)^{1/2} E$$

$$= 0.053 E$$

ΔL 对误差的影响最大。

$$\left(\frac{w_{\Delta L}}{\Delta L} \right)^2 = \left(\frac{0.053}{2} \right)^2 - 0.005^2 - 0.01^2 - 0.015^2$$

解得

$$\frac{w_{\Delta L}}{\Delta L} = 0.019$$

把 ΔL 的误差减小到 1.9%，可把 E 的误差减少 50%。

9. 在一个管道中进行温度测量，已记录了下列读数（单位为℃）：

248.0，248.5，249.6，248.6，248.2，248.3，248.2，248.0，247.5，248.1

试计算平均温度、单独测量的随机误差极限和测量均值的随机误差极限（置信水平为 95%）。

知识点：

（1）随机变量的样本标准差最佳估计为

$$S^2 = \sum_{i=1}^{n} \frac{(x_i - \mu)^2}{n-1}$$

（2）当置信水平为 $1-\alpha$ 时均值区间估计为

$$\mu = \bar{x} \pm t_{\alpha/2} \frac{S}{\sqrt{n}}$$

解：若 x_i 表示温度值，则平均值为

$$\bar{x} = \frac{\sum x_i}{n} = 248.3\,℃$$

样品的标准差（精密度指数）为

$$S_x = \left[\frac{\sum (x_i - x)^2}{n - 1}\right]^{1/2} = 0.5745\,℃$$

使用置信水平95%的学生 t 分布和 $10-1=9$ 的自由度，由参考文献［3］（表2-3）可以查得 t 值为

$$t = 2.26$$

单独测量的随机误差极限为

$$P_i = tS_x = 2.26 \times 0.5745\,℃ = 1.298\,℃$$

由于 $S_{\bar{x}} = S_x / \sqrt{n}$，测量均值的随机误差极限为

$$P_{\bar{x}} = t\frac{S_x}{\sqrt{n}} = 2.26 \times \frac{0.5745}{\sqrt{10}}\,℃ = 0.4106\,℃$$

10. 热电偶（温度测量装置）是在有限温度范围内常用的近似线性设备。表2-2是某品牌热电偶生产厂商所得的一对热电偶金属线的数据，试确定这些数据的最佳线性拟合。

表 2-2　热电偶金属线数据

$T/℃$	20	30	40	50	60	75	100
U/mV	1.02	1.53	2.05	2.55	3.07	3.56	4.05

知识点：

线性拟合方程为

$$Y = aX + b$$

式中，

$$a = \frac{n\sum x_i y_i - \left(\sum x_i\right)\left(\sum y_i\right)}{n\sum x_i^2 - \left(\sum x_i\right)^2} \qquad b = \frac{\sum x_i^2 \sum y_i - \left(\sum x_i\right)\left(\sum x_i y_i\right)}{n\sum x_i^2 - \left(\sum x_i\right)^2}$$

解：设拟合曲线方程为

$$U = aT + b$$

列方程组，有

$$S_0 b + S_1 a = f_0 \qquad S_1 b + S_2 a = f_1$$

式中，$S_0 = 7$

$$S_1 = \sum_{i=1}^{7} T_i = 20+30+40+50+60+75+100 = 375$$

$$S_2 = \sum_{i=1}^{7} T_i^2 = 20^2+30^2+40^2+50^2+60^2+75^2+100^2 = 24625$$

$$f_0 = \sum_{i=1}^{7} U_i = 1.02+1.53+2.05+2.55+3.07+3.56+4.05 = 17.83$$

$$f_1 = \sum_{i=1}^{7} T_i U_i = 20 \times 1.02+30 \times 1.53+40 \times 2.05+50 \times 2.55+60 \times 3.07+$$
$$75 \times 3.56+100 \times 4.05 = 1132$$

解方程组，有

$$a = \frac{S_0 f_1 - S_1 f_0}{S_0 S_2 - S_1^2} = \frac{7 \times 1132 - 375 \times 17.83}{7 \times 24625 - 375^2} = 0.03898$$

$$b = \frac{S_2 f_0 - S_1 f_1}{S_0 S_2 - S_1^2} = \frac{24625 \times 17.83 - 375 \times 1132}{7 \times 24625 - 375^2} = 0.4587$$

于是，拟合曲线方程为

$$U = 0.03898T + 0.4587$$

11. 在结构的应变测量中，为了估计应变测量中的总误差，分别试验应变计和传输线。从在同样负载下 10 次应变计测量的输出得出平均输出 80mV 时的标准差为 0.5mV，从 15 次传输电压的测量得到 1mV 的标准差。试确定由应变计产生的置信 95% 的应变测量精密度指数和随机误差。

知识点：测量参数不同时

（1）精密度指数为

$$S_x = \sqrt{S_1^2 + \cdots + S_i^2 + \cdots + S_n^2}$$

（2）自由度为

$$\nu_x = \frac{\left(\sum_{i=1}^{n} S_i^2 \right)^2}{\sum_{i=1}^{n} (S_i^4 / \nu_i)}$$

解：精密度指数为

$$S_x = \sqrt{1^2 + 0.5^2} \, \text{mV} = 1.118 \text{mV}$$

$$\nu_x = \frac{\left(\sum_{i=1}^{2} S_i^2 \right)^2}{\sum_{i=1}^{2} (S_i^4 / \nu_i)} = \frac{(1 + 0.5^2)^2}{1/14 + 0.5^4/9} = 19.9 \quad \text{取} \ \nu_x = 19$$

查表得 $t = 2.093$，随机误差为

$$P_x = t S_x = 2.093 \times 1.118 \text{mV} = 2.34 \text{mV}$$

12. 在一个化学流程中，用传感器测量温度，从传感器制造厂得知它的标定误差为 ±0.5℃。在传感器可靠性试验的 20 次测量中，测定标准差为 1.5℃时，平均值为 150℃。估计空间误差为 ±2℃，安装效应为 ±1℃。在独立的数据传输系统试验中，通过 10 次测量确定标准差为 0.5℃。控制程序在温度和电压之间采用线性关系，于是在应用范围内引入 ±1℃ 的误差。

（1）假定的置信水平为 95%。试计算在该控制过程中单次温度测量的随机误差、自由

度数和总误差。

（2）假定在（1）中计算的组合的标准差是用大样本确定的，再次计算总误差。

知识点

（1）测量的标准差为

$$S_x = \left(\sum_{i=1}^{m} S_i^2 \right)^{\frac{1}{2}}$$

（2）自由度为

$$\nu_x = \frac{\left(\sum_{i=1}^{n} S_i^2 \right)^2}{\sum_{i=1}^{n} (S_i^4 / \nu_i)}$$

（3）设 B_i 是系统误差，S_i 是变量 x_i 的精密度指数，那么结果的系统误差 B_y 和精密度指数 S_y 可以由下式计算：

$$B_y = \left[\sum_{i=1}^{n} \left(B_i \frac{\partial y}{\partial x_i} \right)^2 \right]^{\frac{1}{2}} \qquad S_y = \left[\sum_{i=1}^{n} \left(S_i \frac{\partial y}{\partial x_i} \right)^2 \right]^{\frac{1}{2}}$$

B_y 和 S_y 可由下式合成最终结果 w_y 的误差，即

$$w_y = \left[B_y^2 + (t S_y)^2 \right]^{\frac{1}{2}}$$

解：

（1）系统和随机基本误差见表 2-3，假设系统误差的置信水平为 95%。

表 2-3　系统基本误差和随机基本误差

基本误差		系统误差 $B/℃$	随机误差 $S/℃$	测量次数 ν
标定		0.5	—	—
数据采集	重复性	—	1.5	20
	空间	2	—	—
	安装	1	—	—
	传输	—	0.5	10
数据转换-线性		1	—	—

在该流程中，随机误差仅来源于数据采集类别。温度测量的标准差为

$$S_x = (1.5^2 + 0.5^2)^{1/2} ℃ = 1.58℃$$

自由度数为

$$\nu = \frac{(1.5^2 + 0.5^2)^2}{1.5^4 / 19 + 0.5^4 / 9} = 22.86$$

取 $\nu = 22$。

对于自由度值 22、置信水平 95% 的学生 t 分布，查表（参考文献［3］的表 2.3）得出 $t = 2.074$。所以每次温度测量的随机误差为

$$P_x = t S_x = 2.074 \times 1.58℃ \approx 3.3℃$$

温度测量的系统误差为

$$B_x = (0.5^2 + 2^2 + 1^2 + 1^2)^{1/2}\,℃ = 2.5℃$$

于是，置信 95%的测量总误差为

$$w_x = (B_x^2 + P_x^2)^{1/2} = (2.5^2 + 3.3^2)^{1/2}\,℃ = 4.1℃$$

（2）如果利用大量的测量来确定全部基本的标准差，则 t 为 2.0，随机误差为

$$P_x = tS_x = 2.0 \times 1.58℃ = 3.16℃$$

系统误差与（1）相同，即 $B_x = 2.5℃$，并且测量总误差为

$$w_x = (B_x^2 + P_x^2)^{1/2} = (2.5^2 + 3.16^2)^{1/2}\,℃ = 4.03℃$$

13. 一个测量范围为 0~500N 力传感器连接到计算机 DAS（数据采集系统）。

力传感器的技术指标如下：

（1）线性和滞后：±0.15% FS。

（2）零点平衡：±2% FS。

（3）重复性：±0.05% FS。

（4）温度对零点和量程的影响：±0.005% FS℃。

（5）激励电压：DC 10V。

（6）灵敏度：2mV/V。

（7）安全过载：150% FS。

DAS 包括多路转换器、放大器和 A/D 转换器，其技术指标如下：

（1）位数：12（双极性）。

（2）可编程增益：1，10，100，1000。

（3）输入范围（单位 V）：±10，±1，±0.1，±0.01；0~10，0~1，0~0.1，0~0.01。

（4）增益误差：±2 LSB。

（5）线性：±2 LSB。

（6）热稳定误差：≤1 LSB，零点和增益。

设环境温度变化为 5℃，噪声对该 DAS 输出有 1%的影响，试估计使用这个力测量系统在单次测量模式下的置信水平 95%的误差。

知识点：

(1) 计算机采集信号的量化单位为

$$q = \frac{FSR}{2^n}$$

(2) 误差合成的公式为

$$w_x = \left[B_x^2 + (tS_x)^2 \right]^{\frac{1}{2}}$$

解： 因为力传感器灵敏度为 2mV/V，而电源是 10V，所以力传感器的最大输出为

$$U_s = 2 \times 10\text{mV} = 20\text{mV}$$

并且最小是 0V。应选择 0~0.1V 为 DAS 的输入范围，这意味着当力传感器满刻度时，DAS 将仅仅能达到满刻度的 0.02/0.1 = 20%，极限情况是 20%×150% = 30%。这样的低比值对 DAS 的精确度有不利的影响，对于所选择的系统却是必要的。

（1）把与力传感器有关的误差视为标定误差，分析和计算如下：

1）系统误差：

满刻度±0.15%的线性和滞后误差为

$$B_1 = \pm 500 \times 0.15\% \, \text{N} = \pm 0.75 \, \text{N}$$

2）随机误差：

重复性误差为

$$P_1 = \pm 500 \times 0.05\% \, \text{N} = \pm 0.25 \, \text{N}$$

假定已经调整零点并且仅需要考虑温度对量程的影响，温度引起的量程误差为

$$P_2 = \pm 500 \times 0.005\% \times 5 \text{N} = \pm 0.125 \, \text{N}$$

随机误差 P 和标准差 S 的关系为

$$P = tS$$

为了求得标准差的值，可以假定作为 S 基础的样本量大于30。因此，对于95%的置信水平，有 $t = 2$。于是，重复性误差的标准差 $S_1 = 0.125 \text{N}$，温度误差的标准差 $S_2 = 0.063 \text{N}$。

（2）把与 DAS 有关的误差作为数据采集误差处理。对应于±0.1V 输入的增益是 $G = 100$。对于双极性 12 位 A-D 转换器，0~0.1V 输入对应于 2048 个量化单位，采用舍入法。误差分析和计算如下：

1）系统误差：

线性误差为

$$B_2 = 500/2048 \times 2 \text{N} = 0.49 \, \text{N}$$

增益误差为

$$B_3 = 500/2048 \times 2 \text{N} = 0.49 \, \text{N}$$

2）随机误差：

用等于 $t = 2$ 去除误差值，可得到标准差。对于量化误差，有

$$S_3 = 500/2048 \times 0.5/2 \text{N} = 0.061 \, \text{N}$$

噪声为

$$S_4 = (1\% \text{FS})/2 = 1\% \times 500/2 \text{N} = 2.5 \, \text{N}$$

（3）组合的系统误差和随机误差分别为

$$B_F = (0.75^2 + 0.49^2 + 0.49^2)^{1/2} \text{N} = 1.0 \, \text{N}$$

$$S_F = (0.125^2 + 0.063^2 + 0.061^2 + 2.5^2)^{1/2} \text{N} = 2.5 \, \text{N}$$

（4）最终误差：

$$w_F = (B_F^2 + t S_F^2)^{1/2} = [1.0^2 + (2 \times 2.5)^2]^{1/2} \text{N} = 5.1 \, \text{N}$$

因为 5.1/500 ≈ 1%，所以置信水平 95%的误差为 1%FS。

2.6　判断单选填空题答案

2.6.1　判断题答案

1. 对；2. 错；3. 对；4. 错；5. 对；6. 错

2.6.2　单选题答案

1. B；2. B；3. C

2.6.3 填空题答案

1. 小
2. 众数
3. 系统
4. 随机
5. 绝对
6. 偏差

第3章

测量系统的特性

3.1 判断题

1. 理想的测试系统输出与输入呈线性关系为最佳。（　　）

2. 线性度是指测试系统的输入、输出保持线性关系的程度。校准曲线偏离其拟合直线的程度即为线性度。（　　）

3. 由于引用误差以测量上限为基准，故测量时应使读数尽量在量程的三分之一以上。（　　）

4. 传递函数是对系统特性的解析描述，包含了瞬态、稳态时间响应和频率响应的全部信息。传递函数中的分子取决于系统的结构，分母表示系统同外界之间的联系，如输入点的位置、输入方式、被测量以及测点布置情况等。（　　）

5. 时间常数是反映一阶系统特性的重要参数，实际上决定了该装置适用的频率范围。（　　）

6. 线性时不变系统输出信号的幅值谱是输入信号的幅值谱与系统的幅频特性之积，输出信号的相位谱是输入信号的相位谱与系统的相频特性之和。（　　）

7. 测量系统不失真测试的条件是：系统的幅频特性为常数，相频特性为零。（　　）

8. 灵敏度是输出量与输入量的比值，又称放大倍数。（　　）

3.2 单选题

1. 下列选项中，（　　）是测试装置静态特性的基本参数。

（A）阻尼系数

（B）灵敏度

（C）单位脉冲响应时间

（D）时间常数

2. 对于二阶系统，用相频特性 $\varphi(\omega) = -90°$ 所对应的频率 ω 估计系统的固有频率 ω_n，该 ω 值与系统阻尼比的大小（　　）。

（A）无关

（B）依概率完全相关

(C) 依概率相关

(D) 呈线性关系

3. 关于测量系统的频率响应函数 $H(j\omega)$ 不正确的描述是（　　）。

(A) 其对应的时域描述是测量系统对单位脉冲输入的响应

(B) 如果仅在复平面的虚轴上取值，系统的传递函数蜕变为频率响应函数

(C) $|H(0)|$ 表示系统的静态特性，$H(j\omega)/|H(0)|$ 表示系统的动态特性

(D) 容易通过实验确定，只要给系统一个确定的正弦激励，就可以在任意时刻获取该系统的频率响应函数

4. 用一阶系统作测量装置，为了获得较佳的工作性能，其时间常数 τ 原则上（　　）。

(A) 越大越好　　　　　　　　　　(B) 越小越好

(C) 应大于信号周期　　　　　　　(D) 应小于信号周期

5. （　　）是一阶系统的动态特性参数。

(A) 固有频率　　　(B) 线性度　　　(C) 时间常数　　　(D) 阻尼比

6. 线性度表示校准曲线（　　）的程度。

(A) 接近真值

(B) 偏离其拟合直线

(C) 加载和卸载时不重合

(D) 在多次测量时的重复

7. 传感器的滞后表示校准曲线（　　）的程度。

(A) 接近真值

(B) 偏离其拟合直线

(C) 加载和卸载曲线不重合

(D) 在多次测量时的重复

8. 已知一个线性系统的与输入 $x(t)$ 对应的输出为 $y(t)$，若要求该系统的输出为 $u(t)=k_p\left[y(t)+\dfrac{1}{T_i}\int_0^t y(t)\mathrm{d}t+T_d\dfrac{\mathrm{d}y(t)}{\mathrm{d}t}\right]$（$k_p$、$T_i$、$T_d$ 为常数），那么相应的输入函数为（　　）。

(A) $k_p\left[x(t)+\dfrac{1}{T_i}\int_0^t x(t)\mathrm{d}t+T_d\dfrac{\mathrm{d}x(t)}{\mathrm{d}t}\right]$

(B) $k_p\left[x(t)+\dfrac{T_d}{T_i}\right]$

(C) $kk_p\left[x(t+t_0)+\dfrac{1}{T_i}\int_0^t x(t)\mathrm{d}t+T_d\dfrac{\mathrm{d}x(t)}{\mathrm{d}t}\right]$（$k$、$t_0$ 为常数、$t_0\neq0$）

(D) $\dfrac{k_p}{k}\left[x(t)+\dfrac{1}{T_i}\int_0^t x(t)\mathrm{d}t+T_d\dfrac{\mathrm{d}x(t)}{\mathrm{d}t}\right]$

9. 关于传递函数的特点，下列叙述不正确的是（　　）。

(A) 与具体的物理结构无关

(B) 反映测试系统的传输和响应特性

（C）与输入有关

（D）反映测试系统的特性

10. 在下面的性能指标中能反映测试系统对于随时间变化的动态响应特征的是（　　　），能反映多次连续测量值分散性的是（　　　）。

（A）灵敏度，传递函数

（B）频响函数，线性度

（C）传递函数，重复性误差

（D）脉冲响应函数，分辨率

11. 测试系统的脉冲响应函数与它的频率响应函数间的关系是（　　　）。

（A）卷积　　　　　　　　　　　　　（B）傅里叶变换对

（C）拉普拉斯变换对　　　　　　　　（D）微分

3.3　填空题

1. 若线性系统的输入为某一频率的简谐信号，则其稳态响应必为（　　　　　）的简谐信号。

2. （　　　　　）是在输入不变的条件下，测量系统的输出随时间变化的现象。

3. 关于校准曲线不重合的测量系统静态特性有（　　　　　）和（　　　　　）。

4. 测试装置在稳态下，单位输入变化所引起的输出变化称为该装置的（　　　　　）；能够引起输出量可测量变化的最小输入量称为该装置的（　　　　　）。

5. 相频特性是指（　　　　　）变化的特性。

6. 若测试装置的输出信号较输入信号延迟的时间为 t_0，实现不失真测试的频域条件是：该测试装置的幅频特性 $A(\omega) = (\ \ \ \ \ )$，相频特性 $\varphi(\omega) = (\ \ \ \ \ )$。

7. 二阶测试装置，其阻尼比 ζ 为（　　　　　）左右时，可以获得较好的幅频和相频特性。

8. 对数幅频特性曲线的纵坐标为（　　　　　）。

9. 一个指针式仪表的精度为 0.5 级表示该仪表的（　　　　　）不大于 0.5%。

10. 测量系统输出信号的傅里叶变换与输入信号的傅里叶变换之比称为（　　　　　）。

11. 测量系统对单位脉冲输入的响应称为（　　　　　）。

12. 测试装置的频率响应函数 $H(\mathrm{j}\omega)$ 是装置动态特性的（　　　　　）域描述。

3.4　简答题

1. 说明线性系统的频率保持性在测量中的作用。

答：在实际测试中，测得的信号常常会受到其他信号或噪声的干扰，依据频率保持性可以认定，测得信号中只有与输入信号相同的频率成分才是真正由输入引起的输出。

在故障诊断中，对于测试信号的主要频率成分，依据频率保持性可知，该频率成分是由于相同频率的振动源引起的，找到产生该频率成分的原因，就可以诊断出故障的原因。

2. 测试系统不失真测试的条件是什么？

答：在时域，测试系统的输出 $y(t)$ 与输入 $x(t)$ 应满足 $y(t) = A_0 x(t-t_0)$。在频域，幅频特性曲线是一条平行于频率 ω 轴的直线，即幅频特性为常数，$A(\omega) = A_0$，相频特性曲线是

线性曲线 $\varphi(\omega)=-t_0\omega$，其中，$A_0$、$t_0$ 均为常数。

3. 在磁电指示机构中，为什么取 0.7 为最佳阻尼比？

答： 磁电指示机构是二阶系统。当阻尼比取 0.7，从幅频特性的角度，在一定误差范围内，幅频特性曲线近似为一条平行于频率 ω 轴的直线，工作频率范围比较宽；从相频特性的角度，特性曲线近似于线性，这样可以在较宽的频率范围实现不失真测试。

4. 对一个测量装置，已知正弦输入信号的频率，如何确定测量结果的幅值和相位的动态误差？

答： 首先确定装置的频响函数，得出幅频特性 $A(\omega)$ 和相频特性 $\varphi(\omega)$。然后，把输入信号的频率分别代入 $A(\omega)/A_0$ 和 $\varphi(\omega)$，分别得到输出与输入的动态幅值比，输出滞后于输入的相角。幅值比与 1 的差值为动态幅值相对误差，滞后的相角即相位误差。

5. 已知输入的周期信号的各简谐成分的三个基本要素，如何根据系统的传递函数确定该系统的相应的输出信号？

答： 把传递函数的自变量 s 换成 $j\omega$，求出幅频特性和相频特性函数。然后分别代入各简谐成分的角频率，分别得出输出与输入的幅值比和滞后的相角。对输入的各简谐成分，幅值乘以幅值比，初相角加上滞后的相角，然后合成，得到相应的输出信号。

6. 已知温度测量系统如图 3-1 所示。当温度变化规律为 $x(t)=A\sin\omega t$，并且 ω 不超出系统的测量范围，试说明如何确定测量的动态误差。

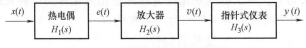

图 3-1　温度测量系统的框图

答： 该温度测量系统为串联系统，所以系统的传递函数为

$$H(s)=H_1(s)H_2(s)H_3(s)$$

令 $s=j\omega$，得频响函数 $H(j\omega)$，其幅频特性为 $A(\omega)=|H(j\omega)|$。

幅值误差为

$$r=A(\omega)/A_0-1$$

滞后相位角为

$$\varphi(\omega)=\angle H(j\omega)$$

7. 简述测量系统静态校准的基本步骤。

答： 校准时，选择校准的"标准"静态量作为系统输入，求出其输入、输出特性曲线。输入误差应当是所要求测试结果误差的 1/5～1/3 或更小。基本步骤如下：

（1）画输入-输出特性曲线。在测量范围内，将标准量均匀分成 n 个输入点，进行 m 次测量（每次测量包括正行程和反行程），得到 $2m$ 条输入-输出特性曲线。

（2）求重复性误差。

（3）求正反行程的平均输入-输出曲线。

（4）求滞后。

（5）作标定曲线。

（6）作拟合直线，计算线性度和灵敏度。

8. 简述测量系统动态校准的基本方法。

答：在指定的频率范围内，用不同频率的正弦信号激励测量系统，在稳态时测量输出信号的幅值和相角，计算输出与输入的幅值比和输出较输入滞后的相角，分别绘制幅频特性和相频特性曲线。

9. 对一个测量装置，已知某一频率 ω_i 的正弦输入信号幅值 A_i 和相位 φ_i，利用频率响应函数如何确定输出信号稳态时的幅值和相角？

答：

（1）根据装置的频响函数，得出幅频特性 $|H(\omega)|$ 和相频特性 $\phi(\omega)$。

（2）把输入信号的频率 ω_i 分别代入幅频特性函数 $|H(\omega_i)| = |A(\omega_i)/A_0|$ 和相频特性特性 $\phi(\omega_i)$。

（3）得到输出信号稳态时的幅值 $|A(\omega_i)| = |A_0 H(\omega_i)|$，相角 $\varphi = \varphi_i + \phi(\omega_i)$。

3.5　计算与应用题

1. 在使用灵敏度为 80nC/MPa 的压电式压强传感器进行压强测量时，首先将它与增益为 5mV/nC 的电荷放大器相连，电荷放大器接到灵敏度为 25mm/V 的笔式记录仪上，试求该压强测试系统的灵敏度。当记录仪的输出变化 30mm 时，压强变化为多少？

知识点：如果测量系统有多个环节串联组成，那么总的灵敏度等于各个环节灵敏度的乘积。

解：总灵敏度为

$$K = 80 \times 5 \times 25/1000 \, mm/MPa = 10 \, mm/MPa$$

压强变化为

$$\Delta P = 30/10 \, MPa = 3 \, MPa$$

2. 把灵敏度为 $404 \times 10^{-4} pC/Pa$ 的压电式力传感器与一台灵敏度调到 0.226mV/pC 的电荷放大器相接，求其总灵敏度。若要将总灵敏度调到 $10 \times 10^{-6} mV/Pa$，电荷放大器的灵敏度应如何调整？

知识点：如果测量系统有多个环节串联组成，那么总的灵敏度等于各个环节灵敏度的乘积。

解：总灵敏度为

$$S = S_1 S_2 = 404 \times 10^{-4} \times 0.226 \, mV/Pa = 9.13 \times 10^{-3} \, mV/Pa$$

把电荷放大器的灵敏度调到

$$S_2 = S/S_1 = 10 \times 10^{-6}/(404 \times 10^{-4}) \, mV/pC = 2.48 \times 10^{-4} \, mV/pC$$

3. 用一时间常数为 2s，灵敏度为 1 的温度计测量炉温时，当炉温在 200～400℃ 之间，以 150s 为周期，按正弦规律变化时，温度计输出的变化范围是多少？

知识点：一阶系统幅频特性为

$$A(\omega) = \frac{A_0}{\sqrt{1+(\tau\omega)^2}}$$

解：温度计为一阶系统，灵敏度 A_0 为 1，其幅频特性为

$$A(\omega) = \frac{1}{\sqrt{(\omega\tau)^2 + 1}} = \frac{1}{\sqrt{\left(\dfrac{2\pi}{T}\tau\right)^2 + 1}}$$

$$= \frac{1}{\sqrt{\left(\dfrac{2\pi}{150} \times 2\right)^2 + 1}} = 0.9965$$

于是，温度计输出的下、上限分别为

$$T_{\min} = 200 \times 0.9965\,℃ = 199.3\,℃$$
$$T_{\max} = 400 \times 0.9965\,℃ = 398.6\,℃$$

4. 已知一力传感器的固有频率为 $f_n = 1200\mathrm{Hz}$，阻尼比 $\zeta = 0.7$，传递函数为 $H(s) = \dfrac{\omega_n^2}{s^2 + 2\zeta\omega_n s + \omega_n^2}$。试写出系统的频率响应函数、幅频特性及相频特性表达式。用此系统测量 $600\mathrm{Hz}$ 正弦交变力，求幅值相对误差和相位误差。

知识点： 在系统传递函数 $H(s)$ 已经知道的情况下，令 $H(s)$ 中 s 的实部为零，即 $s = \mathrm{j}\omega$，便可以求得二阶系统频率响应函数 $H(\mathrm{j}\omega)$。

解：
$$H(\mathrm{j}\omega) = \frac{\omega_n^2}{-\omega^2 + \mathrm{j}2\zeta\omega_n\omega + \omega_n^2}$$

令 $\eta = \omega/\omega_n$，有

频率响应函数

$$H(\mathrm{j}\omega) = \frac{1}{1 - \eta^2 + \mathrm{j}2\zeta\eta}$$

幅频特性

$$|H(\mathrm{j}\omega)| = \frac{1}{\sqrt{(1-\eta^2)^2 + (2\zeta\eta)^2}}$$

相频特性

$$\varphi(\omega) = -\arctan\frac{2\zeta\eta}{1-\eta^2}$$

其中，$\eta = 600/1200 = 0.5$。于是得

幅值相对误差

$$\gamma = |H(\mathrm{j}\omega)| - 1 = \frac{1}{\sqrt{(1-0.5^2)^2 + (2\times0.7\times0.5)^2}} - 1$$
$$= -0.025$$

相位误差

$$\varphi(\omega) = -\arctan\frac{2\times0.7\times0.5}{1-0.5^2} = -43.0°$$

5. 用图 3-2 所示电路测量周期分别为 1s 和 2s 的正弦信号，幅值误差是多少？

知识点：图 3-2 测量电路

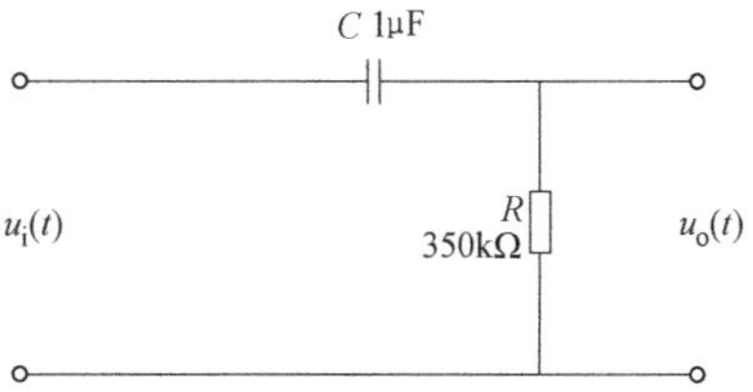

（1）输入电压为 u_i，输出电压为 u_o，其微分方程为

$$u_o + \frac{1}{RC}\int u_o \mathrm{d}t = u_i \qquad 令 \ \tau = RC$$

其频响函数为

$$H(f) = \frac{\mathrm{j}\omega\tau}{\mathrm{j}\omega\tau+1}$$

（2）幅值误差为

$$|H(\mathrm{j}\omega)|-1$$

图 3-2 中：$C\ 1\mu F$，$u_i(t)$，$R\ 350\mathrm{k}\Omega$，$u_o(t)$

图 3-2　测量电路

解：由图 3-2，有

$$U_o(\omega) = U_i(\omega)\frac{R}{\dfrac{1}{\mathrm{j}\omega C}+R} = U_i(\omega)\frac{\mathrm{j}\omega RC}{1+\mathrm{j}\omega RC}$$

于是，该电路的频率响应函数为

$$H(\mathrm{j}\omega) = \frac{U_o(\omega)}{U_i(\omega)} = \frac{\mathrm{j}\omega\tau}{1+\mathrm{j}\omega\tau}$$

其中　　　　　　　　$\tau = RC = 350\times10^3\times10^{-6}\,\mathrm{s} = 0.35\mathrm{s}$

幅频特性为

$$|H(\mathrm{j}\omega)| = \frac{\tau\omega}{\sqrt{1+\tau^2\omega^2}}$$

当 $T = 1\mathrm{s}$ 时，$\omega = 2\pi/T = 6.28\mathrm{rad/s}$，输出与输入的幅值比为

$$|H(\mathrm{j}\omega)| = \frac{0.35\times6.28}{\sqrt{1+0.35^2\times6.28^2}} = 0.91$$

幅值相对误差为

$$\gamma = 0.91-1 = -0.09 = -9\%$$

同理，当 $T = 2\mathrm{s}$ 时，$|H(\mathrm{j}\omega)| = 0.74$，$\gamma = -26\%$。

6. 用一阶系统（灵敏度为 1）对 100Hz 的正弦信号进行测量时，如果要求振幅误差在 10% 以内，时间常数应为多少？如果用该系统对 50Hz 的正弦信号进行测试时，则此时的幅值误差和相位误差是多少？

知识点：一阶系统幅频特性为

$$A(\omega) = \frac{A_0}{\sqrt{1+(\tau\omega)^2}}$$

解：一阶系统灵敏度为 1 时，输出与输入的幅值比为

$$A(f) = \frac{1}{\sqrt{\tau^2(2\pi f)^2+1}}$$

$$= \frac{1}{\sqrt{\tau^2(2\pi\times100)^2+1}} \geqslant 0.9$$

解得

$$\tau \leqslant 7.71 \times 10^{-4} \text{s}$$

于是，有

$$A(50) = \frac{1}{\sqrt{(7.71 \times 10^{-4})^2 (2 \times 3.14 \times 50)^2 + 1}} = 0.971$$

幅值相对误差为

$$\gamma = 0.971 - 1 = -0.029$$

相位误差为

$$\varphi(\omega) = -\arctan(\tau\omega) = -\arctan[(7.71 \times 10^{-4})(2\pi \times 50)]$$
$$= -13.6°$$

7. 已知一测试系统是二阶线性系统，其频响函数为

$$H(j\omega) = \frac{1}{1 - (\omega/\omega_n)^2 + 0.5j(\omega/\omega_n)}$$

输入信号为

$$x(t) = \cos\left(\omega_0 t + \frac{\pi}{2}\right) + 0.5\cos(2\omega_0 t + \pi) + 0.2\cos\left(4\omega_0 t + \frac{\pi}{6}\right)$$

基频 $\omega_0 = 0.5\omega_n$，求输出信号 $y(t)$。

知识点：系统输出的幅值谱是输入的幅值谱与系统的幅频特性之积，输出的相位谱是输入的相位谱与系统的相频特性之和。

$$|Y(\omega)| = |X(\omega)| \cdot |H(j\omega)|$$
$$\varphi_y(\omega) = \varphi_x(\omega) + \varphi(\omega)$$

解：二阶线性系统的幅频特性为

$$|H(j\omega)| = \frac{1}{\sqrt{[1 - (\omega/\omega_n)^2]^2 + 0.25(\omega/\omega_n)^2}}$$

相频特性为

$$\varphi(\omega) = -\arctan\frac{0.5(\omega/\omega_n)}{1 - (\omega/\omega_n)^2}$$

输入信号 $x(t)$ 各次谐波的幅值和相位与频率的关系见表 3-1。

将三个频率成分的频率值：$\omega_0 = 0.5\omega_n$、$2\omega_0 = \omega_n$ 和 $4\omega_0 = 2\omega_n$ 分别代入幅频特性和相频特性式，求出它们所对应的幅频特性值和相频特性值，见表 3-2。

表 3-1　输入信号各次谐波的幅值和相位与频率的关系

频率	幅值	相位
ω_0	1	$\pi/2$
$2\omega_0$	0.5	π
$4\omega_0$	0.2	$\pi/6$

表 3-2　不同频率所对应的幅频特性值和相频特性值

频率	$\mid H(j\omega)\mid$	$\varphi(\omega)$
ω_0	1.26	-0.1π
$2\omega_0$	2.00	-0.5π
$4\omega_0$	0.32	-0.9π

于是，得到输出信号时域表达式为

$$y(t) = 1.26\cos\left(\omega_0 t + 0.4\pi\right) + \cos\left(2\omega_0 t + \frac{\pi}{2}\right) + 0.064\cos\left(4\omega_0 t - 0.7\pi\right)$$

8. 某一阶测量装置的传递函数为 $1/(0.04s+1)$，若用它测量频率为 0.5Hz、1Hz、2Hz 的正弦信号，试求其输出幅值误差。

知识点：

（1）一阶系统幅频特性为

$$A(\omega) = \frac{A_0}{\sqrt{1 + (\tau\omega)^2}}$$

（2）幅值相对误差为

$$\gamma = \left| H(\mathrm{j}\omega) \right| - 1$$

解：

$$A(f) = \frac{1}{\sqrt{0.04^2 (2\pi f)^2 + 1}} \approx \frac{1}{\sqrt{0.0631 f^2 + 1}}$$

将 $f = 0.5\mathrm{Hz}$，$1\mathrm{Hz}$，$2\mathrm{Hz}$ 分别代入，得 $A(f) = 0.9922$，0.9698，0.8935。

幅值相对误差

$$\gamma = A(f) - 1$$

分别为 $\gamma = -0.78\%$，-3.02%，-10.7%。

9. 用传递函数为 $1/(0.0025s+1)$ 的一阶测量装置进行周期信号测量。若将幅度误差限制在 5% 以下，试求所能测量的最高频率成分。此时的相位差是多少？

知识点：

（1）在系统传递函数 $H(s)$ 已知的情况下，令 $H(s)$ 中 s 的实部为零，即 $s = \mathrm{j}\omega$，便可以求得频率响应函数 $H(\mathrm{j}\omega)$。

（2）幅值相对误差为 $\gamma = \left| H(\mathrm{j}\omega) \right| - 1$，一阶系统相位差为 $\varphi(\omega) = -\arctan(\tau\omega)$

解：

$$H(\mathrm{j}\omega) = \frac{1}{\mathrm{j}0.0025\omega + 1}$$

$$A(\omega) = \frac{1}{\sqrt{(0.0025\omega)^2 + 1}} \geq 0.95$$

解得

$$\omega \leq \sqrt{\frac{1}{0.95^2} - 1} \bigg/ 0.0025$$

$$= 131.5\mathrm{rad/s}$$

$$= 20.9\mathrm{Hz}$$

于是，相位差为

$$\varphi(\omega) = -\arctan(0.0025\omega)$$

$$= -\arctan(0.0025 \times 131.5)$$

$$= -18.2°$$

10. 一个温度测量系统由线性元件组成，其总灵敏度为 1，动态特性取决于它的敏感元件。设敏感元件的质量 $m = 5\mathrm{g}$，表面积 $A = 5 \times 10^{-4}\mathrm{m}^2$，比热容 $c = 0.2\mathrm{J} \cdot \mathrm{kg}^{-1} \cdot \mathrm{°C}^{-1}$，用该系统测量水

温，已知空气和水的热传导系数分别为 $h_a = 0.2 \text{W} \cdot \text{m}^{-2} \cdot \text{℃}^{-1}$ 和 $h_w = 1.0 \text{W} \cdot \text{m}^{-2} \cdot \text{℃}^{-1}$。

（1）设该测量系统输出的温度随时间变化为 y，输入的被测环境的温度随时间变化为 x，试建立系统的传递函数和幅频特性表达式。

在水中，敏感元件的热平衡方程为

$$h_w A(x-y) = mc\frac{\mathrm{d}y}{\mathrm{d}t}$$

（2）把敏感元件突然从 20℃ 的空气中投到 80℃ 的水中 5s 后，测量系统的读数是多少？

知识点：

（1）系统的传递函数定义为

$$H(s) = \frac{Y(s)}{X(s)} = \frac{b_m s^m + b_{m-1} s^{m-1} + \cdots + b_1 s + b_0}{a_n s^n + a_{n-1} s^{n-1} + \cdots + a_1 s + a_0}$$

它是在初始条件全为零的条件下输出信号与输入信号的拉普拉斯变换之比。

（2）在系统传递函数 $H(s)$ 已知的情况下，令 $H(s)$ 中 s 的实部为零，即 $s = \mathrm{j}\omega$，便可以求得频率响应函数 $H(\mathrm{j}\omega)$。

解：

（1）在水中，敏感元件的热平衡方程为

$$h_w A(x-y) = mc\frac{\mathrm{d}y}{\mathrm{d}t}$$

两边取拉普拉斯变换并整理，得系统的传递函数为

$$H(s) = \frac{Y(s)}{X(s)} = \frac{1}{1+\tau s}$$

其中，时间常数为

$$\tau = \frac{mc}{h_w A} = \frac{5 \times 10^{-3} \times 0.2}{1.0 \times 5 \times 10^{-4}} \text{s} = 2\text{s}$$

这是一阶系统，其幅频特性为

$$|H(\mathrm{j}\omega)| = \frac{1}{\sqrt{1+(\tau\omega)^2}} = \frac{1}{\sqrt{1+4\omega^2}}$$

（2）问题等效于输入函数为

$$x(t) = (80-20)u(t) = 60u(t)$$

其中，$u(t)$ 为单位阶跃函数，单位阶跃信号的拉普拉斯变换为 $u(s) = \dfrac{1}{s}$。

于是，输出的拉普拉斯变换为

$$Y(s) = \frac{60}{s} \cdot \frac{1}{1+2s} = 60\left(\frac{1}{s} - \frac{1}{s+1/2}\right)$$

取拉普拉斯逆变换，得系统的输出函数为

$$y(t) = 60(1-\mathrm{e}^{-t/2})$$

代入 $t=5$，有

$$y = 60(1-\mathrm{e}^{-5/2})\text{℃} = 55.1\text{℃}$$

这时，测量系统的读数 $T = 20 + 55.1\text{℃} = 75.1\text{℃}$。

11. 把一个力传感器作为二阶系统处理。已知传感器的固有频率为 800Hz，阻尼比为 0.14，灵敏度为 1。问使用该传感器作频率为 400Hz，幅值为 100N 的正弦变化的外力测试时，其振幅和相位各为多少？

知识点：幅二阶系统频特性为

$$A(\omega) = \frac{A_0}{\sqrt{(1-\eta^2)^2 + (2\zeta\eta)^2}}$$

相频特性为

$$\varphi(\omega) = -\arctan\frac{2\zeta\eta}{1-\eta^2}$$

解：

$$\eta = 400/800 = 0.5$$

$$|H(\omega)| = \frac{1}{\sqrt{(1-\eta^2)^2 + (2\zeta\eta)^2}}$$

$$= \frac{1}{\sqrt{(1-0.5^2)^2 + (2\times0.14\times0.5)^2}} = 1.31$$

因为输入振幅为 100N，所以传感器的输出振幅为

$$A(\omega) = A_i |H(\omega)| = 100\times1.31\text{N} = 131\text{N}$$

相位为

$$\varphi(\omega) = -\arctan\frac{2\zeta\eta}{1-\eta^2}$$

$$= -\arctan\frac{2\times0.14\times0.5}{1-0.5^2}$$

$$= -10.57°$$

12. 对一个二阶系统输入单位阶跃信号后，测得响应中产生的第一个过冲量的数值为 1.5，同时测得其周期为 $t_d = 6.28\text{ms}$。设已知系统的静态增益为 3，试求该系统的传递函数及其在无阻尼固有频率处的频率响应。

知识点：

（1）最大过冲量 M 与阻尼比 ζ 的关系式为

$$\zeta = \sqrt{\frac{1}{\left(\dfrac{\pi}{\ln M}\right)^2 + 1}}$$

（2）二阶系统传递函数 $H(s)$ 为

$$H(s) = \frac{K\omega_n^2}{s^2 + 2\zeta\omega_n s + \omega_n^2}$$

（3）二阶系统频率响应函数 $H(j\omega)$ 为

$$H(j\omega) = \frac{\omega_n^2}{-\omega^2 + j2\zeta\omega_n\omega + \omega_n^2}$$

解：最大过冲量为

$$M = 1.5/3 = 0.5$$

阻尼比为

$$\zeta = \sqrt{\frac{1}{\left(\dfrac{\pi}{\ln M}\right)^2 + 1}} = \sqrt{\frac{1}{\left(\dfrac{3.14}{\ln 0.5}\right)^2 + 1}} = 0.216$$

固有频率为

$$\omega_n = \frac{2\pi}{t_d \sqrt{1-\zeta^2}} = \frac{2 \times 3.14}{6.28 \times 10^{-3} \times \sqrt{1-0.216^2}} \text{rad/s} = 1024 \text{rad/s}$$

于是，传递函数为

$$H(s) = \frac{K\omega_n^2}{s^2 + 2\zeta\omega_n s + \omega_n^2} = \frac{3 \times 1024^2}{s^2 + 442s + 1024^2}$$

当 $\eta = 1$，得

$$|H(j\omega)| = \frac{K}{\sqrt{(1-\eta^2)^2 + (2\zeta\eta)^2}} = \frac{3}{2 \times 0.216} = 6.9$$

$$\varphi(\omega) = -\arctan\frac{2\zeta\eta}{1-\eta^2} = -\pi/2$$

13. 一个简单的温度测量系统如图 3-3 所示。热电偶的时间常数为 10s；放大器的时间常数是 10^{-4}s；记录器是指针式仪表，它的固有角频率 $\omega_n = 200$rad/s，阻尼比 $\zeta = 1$；系统总的灵敏度为 1。当输入温度变化为 $20\sin\omega t$，$\omega = 1.0$rad/s 时，试确定测量误差的曲线。

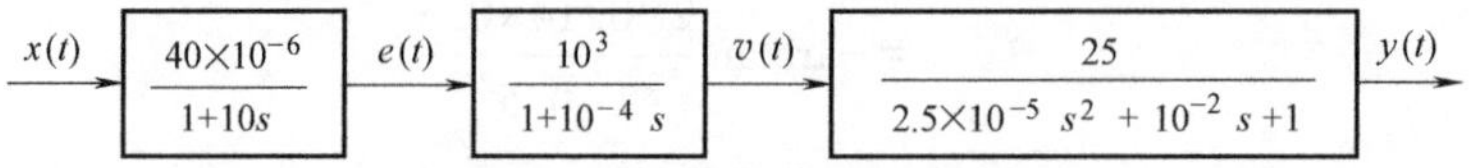

$$x(t) \rightarrow \boxed{\frac{40 \times 10^{-6}}{1+10s}} \xrightarrow{e(t)} \boxed{\frac{10^3}{1+10^{-4}s}} \xrightarrow{v(t)} \boxed{\frac{25}{2.5 \times 10^{-5}s^2 + 10^{-2}s + 1}} \xrightarrow{y(t)}$$

图 3-3 温度测量系统的框图

知识点：

（1）系统输出信号的幅值谱是输入信号的幅值谱与系统的幅频特性之积，输出信号的相位谱是输入信号的相位谱与系统的相频特性之和。

（2）在系统传递函数 $H(s)$ 已经知道的情况下，令 $H(s)$ 中 s 的实部为零，即 $s = j\omega$ 便可以求得频率响应函数 $H(j\omega)$。

解：系统的传递函数为

$$H(s) = \frac{40 \times 10^{-6}}{1+10s} \cdot \frac{10^3}{1+10^{-4}s} \cdot \frac{25}{2.5 \times 10^{-5}s^2 + 10^{-2}s + 1}$$

$$H(s) = \frac{1}{1+10s} \cdot \frac{1}{1+10^{-4}s} \cdot \frac{1}{2.5 \times 10^{-5}s^2 + 10^{-2}s + 1}$$

$$H(j\omega) = \frac{1}{(1+j10\omega)(1+j10^{-4}\omega)(1+j10^{-2}\omega - 2.5 \times 10^{-5}\omega^2)}$$

$$|H(j\omega)|_{\omega=1} = \frac{1}{\sqrt{(1+100)(1+10^{-8})[(1-2.5 \times 10^{-5})^2 + 10^{-4}]}} \approx 0.1$$

$$\varphi(\omega)_{\omega=1} = -\arctan 10 - \arctan 10^{-4} - \arctan 10^{-2} \approx -1.48 \text{rad}$$

于是，输出函数为

$$y(t) = 0.1 \times 20\sin(t - 1.48)$$

测量误差为

$$e(t) = y(t) - x(t) = 20[0.1\sin(t - 1.48) - \sin t]$$

14. 已知某线性系统幅频特性 $A(\omega) = 1/(1 + 0.01\omega^2)^{1/2}$，相频特性 $\phi(\omega) = -\arctan(0.1\omega)$，现测得某激励的稳态输出为 $y(t) = 10\sin(30t - \pi/2)$，$t$ 的单位为 s。试求系统的输入信号 $x(t)$；若用该系统进行测量，要求振幅误差在 5% 以内，则被测信号的最高频率应控制在什么范围内？

知识点：系统输出信号的幅值谱是输入信号的幅值谱与系统的幅频特性之积，输出信号的相位谱是输入信号的相位谱与系统的相频特性之和。

解：
$$\omega = 30\text{rad/s}$$
$$A(\omega) = 1/(1 + 0.01\omega^2)^{1/2} = 1/(1 + 0.01 \times 30^2)^{1/2} = 0.316$$
$$\phi(\omega) = -\arctan(0.1\omega) = -\arctan(0.1 \times 30) = -1.25\text{rad}$$
$$x(t) = 10\sin[30t - 0.5\pi - (-1.25)]/0.316$$
$$\approx 31.6\sin(30t - 0.32)$$
$$A(\omega) = 1/(1 + 0.01\omega^2)^{1/2} > 1 - 0.05 = 0.95$$
$$(1 + 0.01\omega^2)^{1/2} < 1/0.95$$

解得

$$\omega < 3.29\text{rad/s}$$

即

$$f < 0.524\text{Hz}$$

3.6 判断单选填空题答案

3.6.1 判断题答案

1. 对；2. 对；3. 对；4. 错；5. 对；6. 对；7. 错；8. 错

3.6.2 单选题答案

1. B；2. A；3. D；4. B；5. C；6. B；7. C；8. A；9. C；10. C；11. B

3.6.3 填空题答案

1. 同频率

2. 漂移

3. 滞后，重复性

4. 灵敏度，分辨力（率）

5. 输出较输入滞后相位随输入频率

6. 常数，$-\omega t_0$

7. 0.7

8. $20\lg(A(\omega)/A_0)$
9. 引用误差
10. 频率响应函数
11. 脉冲响应函数
12. 频

第4章

信号的分析与处理

4.1 判断题

1. 方差 $\sigma_x{}^2$ 描述随机信号的动态分量，反映 $x(t)$ 偏离均值的波动情况。（　　　）

2. 高斯信号在均值 μ_x 处概率密度 $p(x)$ 最小；在信号的最大、最小幅值处概率密度 $p(x)$ 最大。（　　　）

3. 当相关系数 $\rho_{xy} = 1$ 时，说明 x、y 两变量是理想的线性相关；当 $\rho_{xy} = -1$ 时，x、y 两变量线性相关性弱；当 $\rho_{xy} = 0$ 表示 x、y 两变量之间完全无关。（　　　）

4. 周期函数的自相关函数为同频率的周期函数。它保留了原周期信号的幅值信息、初始相位信息和频率信息。（　　　）

5. 自功率谱密度 $S_x(f)$ 反映信号的频域结构，自功率谱密度所反映的是信号幅值谱的二次方，因此其频域结构特征比幅值谱 $|X(f)|$ 更为明显。（　　　）

6. 通过测试系统输入、输出信号自谱的分析，能得出系统的幅频特性。但自谱分析丢失了相位信息，不能得出系统的相频特性。（　　　）

7. 在某一测试系统中，为了评价其输入信号与输出信号间的因果性，即输出信号的功率谱中有多少是被测输入信号所引起的，可以进行相干函数分析。（　　　）

8. 输出信号 $y(t)$ 在时域可以利用输入信号 $x(t)$ 与系统脉冲响应函数 $h(t)$ 的卷积求输出；在频域则变成 $X(f)$ 与 $H(f)$ 的乘积关系；而在倒频域则变成 $C_x(q)$ 和 $C_h(q)$ 的比例关系，使系统特性 $C_h(q)$ 与信号特性 $C_x(q)$ 通过比例系数明显区别开来。（　　　）

9. 如果信号 $x(t)$ 的自功率谱密度函数为常数，则 $x(t)$ 的自相关函数亦为常数。（　　　）

4.2 单选题

1. 信号中若含有周期成分，则当 $\tau \to \infty$ 时，自相关函数 $R_x(\tau)$ 呈（　　　）变化。

　（A）衰减

　（B）非周期

　（C）2 倍周期性

　（D）同频周期性

2. 两个不同频率简谐信号的互相关函数是（　　　）。

　　（A）零　　　　　　（B）周期信号　　　（C）非零的常数　　　（D）正弦波

3. 相关系数 ρ_{xy} 的取值范围处于（　　）之间。

　　（A）1 和 0　　　（B）1 和 -1　　　（C）-1 和 0　　　（D）$-\infty$ 和 $+\infty$

4. 当 $\tau=0$ 时，自相关函数值 $R_x(\tau)$ 必为（　　）。

　　（A）零　　　　　（B）无限大　　　（C）最大值　　　（D）平均值

5. 当 $\tau\to\infty$ 时，均值非零的随机信号的自相关函数值 $R_x(\tau)$ 为（　　）。

　　（A）无穷大　　　（B）ψ_x^2　　　（C）无穷小　　　（D）μ_x^2

6. 下面对线性系统的输入、输出间关系表述正确的是（　　）。

　　（A）$Y(f)=|H(f)|^2X(f)$

　　（B）$S_{xy}(f)=H(f)S_x(f)$

　　（C）$S_y(f)=|H(f)|S_x(f)$

　　（D）$S_{xy}(f)=S_x(f)S_y(f)$

7. 倒频谱函数自变量可使用的单位是（　　）。

　　（A）s　　　（B）Hz　　　（C）mV　　　（D）mm/s

8. 如图 4-1 所示，含有正弦信号的随机信号的概率密度函数图为（　　）。

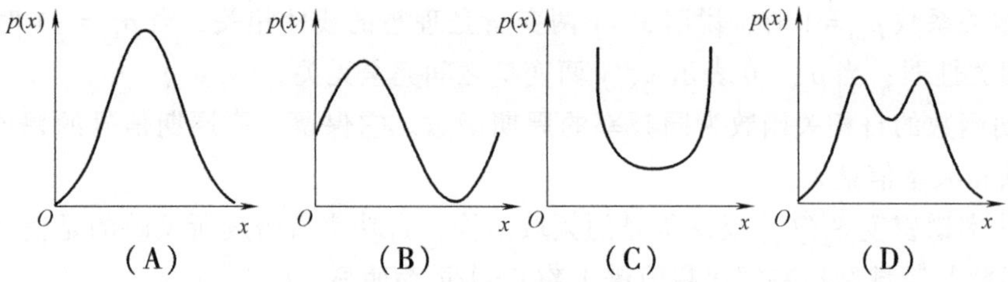

图 4-1　概率密度函数图

　　9. 对某设备采用方均根值诊断法，如果关注的振动频率是 50Hz，那么较适宜的测量参数是（　　）。

　　（A）加速度　　　（B）速度　　　（C）位移　　　（D）相位

10. 信号 $x(t)=A\sin(\omega t+\varphi)$ 的方均根值 x_{rms} 为（　　）。

　　（A）A　　　（B）$\dfrac{A}{2}$　　　（C）$\dfrac{\sqrt2}{2}A$　　　（D）$\sqrt{A}$

11. 概率密度函数曲线下的面积等于（　　）。

　　（A）0.1　　　（B）0.7　　　（C）1　　　（D）2.0

12. 关于随机过程的概率密度，以下表述中，（　　）是不正确的。

　　（A）不同的随机信号有不同的概率密度函数的图形，可以根据图形判别信号的性质

　　（B）概率密度函数表示随机信号的频率分布

　　（C）概率密度函数是概率分布函数的导数

　　（D）对于各态历经过程，可以根据离散的样本值估计概率密度函数

13. 已知信号 $x(t)$ 与 $y(t)$ 的互相关函数为 $R_{xy}(\tau)$，则 $y(t)$ 与 $x(t)$ 的互相关函数 $R_{yx}(\tau)$ 为（　　）。

（A）$R_{xy}(\tau)$ （B）$R_{xy}(-\tau)$ （C）$-R_{xy}(\tau)$ （D）$-R_{xy}(-\tau)$

14. 设信号 $x(t)$ 的自相关函数为脉冲函数，则 $x(t)$ 的自功率谱密度函数为（　　　）。

（A）脉冲函数 （B）有时延的脉冲函数

（C）零 （D）常数（非零）

4.3　填空题

1. 若信号 $x(t)$ 和 $y(t)$ 满足 $y(t)=kx(t)+b$ 的关系，其中 k、b 均为常数，则其相关系数 $\rho_{xy}=$（　　　　　）。

2. 若相互独立的随机信号 $x(t)$ 和 $y(t)$ 均值都为零，当 $\tau\to\infty$ 时，互相关函数 $R_{xy}(\tau)=$（　　　　　）。

3. 正弦信号的自相关函数保留了信号的（　　　　　）信息和（　　　　　）信息，但是失去了相位信息。

4. 频率不同的两个正弦信号，其互相关函数为（　　　　　）。

5. 与信号的自相关函数相对应的频域描述称为（　　　　　）函数。

6. （　　　　　）是在频域描述输出信号与输入信号的因果性的指标。

4.4　简答题

1. 简述倒频谱分析方法与实际意义。

答：求倒频谱过程中，首先对输出的功率谱取对数，由于对数加权，使信号便于识别。因为它是系统的输入的功率谱与频率响应函数的模的二次方的乘积，所以通过取对数使输入信号的谱线与描述系统特性的谱线明显分开。然后，进行傅里叶变换或傅里叶逆变换求得倒频谱，这样得到了信号的时域（一般称为倒频域）描述，把频谱中的周期成分以时间坐标显示出来，因此增强了对频谱的识别能力。

2. 如何确定信号中是否含有周期成分（说出两种方法）？

答：作信号的自相关函数，当延时增大时，信号的幅值呈现周期性不衰减。

作信号的概率密度函数，含有周期成分时，曲线呈盆形。

3. 什么是互相关函数分析，它主要有什么用途？

答：两个随机信号 $x(t)$，$y(t)$ 的互相关函数定义为

$$R_{xy}(\tau)=E\big[x(t)y(t+\tau)\big]=\lim_{T\to\infty}\frac{1}{T}\int_0^T x(t)y(t+\tau)\,\mathrm{d}t$$

对于同频的周期信号，有

$$R_{xy}(\tau)=\frac{x_0 y_0}{2}\cos(\omega\tau+\varphi)$$

不同频的周期信号不相关，周期信号与随机信号不相关。输入和输出的互相关，可以排除噪声干扰。

利用两个传感器信号的互相关分析，测定信号到达两个传感器的时间差，进而得出两点间的距离或两点间运动物体的速度。

通过不同时间差所对应的幅值确定信号的主要传输通道或主要信号源。

4. 测量系统输出与输入之间的相干函数小于 1 的可能原因是什么？

答：测试中有外界噪声干扰。输出 $y(t)$ 是输入 $x(t)$ 和其他输入的综合输出。联系 $x(t)$ 和 $y(t)$ 的系统是非线性的。

5. 自功率谱和幅值谱有什么区别，又有什么联系？

答：自功率谱是对幅值谱的二次方取时间均值。都是信号的频域描述，分别表示单位频宽上的幅值和功率。

6. 相关函数与相关系数有什么差别，相关分析有什么主要用途（至少指出 3 种用途）？

答：相关函数表示信号的相关的功率，是具有量纲的函数。相关系数表示相关的概率的大小，是无量纲的函数。

相关分析可以排除干扰，提高信噪比。通过两个信号之间的延时，确定信号源之间的距离或运动物体的速度。确定信号的主要传输通道或确定起主要作用的信号源。

4.5　计算与应用题

1. 求 $x(t) = \begin{cases} Ae^{-at} & (t \geq 0,\ a > 0) \\ 0 & (t < 0) \end{cases}$ 的自相关函数。（提示考虑 $\tau \geq 0$ 和 $\tau < o$）

知识点：非周期信号的自相关函数为

$$R_x(\tau) = \int_{-\infty}^{+\infty} x(t)x(t+\tau)\,\mathrm{d}t$$

解：令

$$b(\tau) = \begin{cases} 0, & \tau \geq 0 \\ -\tau, & \tau < 0 \end{cases}$$

$$R_x(\tau) = \int_{-\infty}^{+\infty} x(t)x(t+\tau)\,\mathrm{d}t = \int_{b(\tau)}^{+\infty} x(t)x(t+\tau)\,\mathrm{d}t$$

$$= \int_{b(\tau)}^{+\infty} Ae^{-at}Ae^{-a(t+\tau)}\,\mathrm{d}t = A^2 e^{-a\tau} \int_{b(\tau)}^{+\infty} e^{-2at}\,\mathrm{d}t$$

$$= \frac{A^2}{2a} e^{-a|\tau|}$$

2. 求初始相位 φ 为随机变量的正弦函数 $x(t) = A\cos(\omega t + \varphi)$ 的自相关函数，如果 $x(t) = A\sin(\omega t + \varphi)$，$R_x(\tau)$ 有何变化？

知识点：周期信号的自相关函数为

$$R_x(\tau) = \frac{1}{T} \int_0^T x(t)x(t+\tau)\,\mathrm{d}t$$

解：　$R_x(\tau) = \frac{1}{T} \int_0^T x(t)x(t+\tau)\,\mathrm{d}t = \frac{A^2}{T} \int_0^T \cos(\omega t + \varphi)\cos[\omega(t+\tau) + \varphi]\,\mathrm{d}t$

$$= \frac{A^2}{T} \int_0^T \cos\omega t \cos\omega(t+\tau)\,\mathrm{d}t$$

$$= \frac{A^2}{2\pi} \int_0^{2\pi} \frac{1}{2}[\cos\omega\tau + \cos(2\omega t + \omega\tau)]\,\mathrm{d}(\omega t)$$

$$= \frac{A^2}{2}\cos\omega\tau$$

当 $x(t) = A\sin(\omega t + \varphi)$ 时，有

$$R_x(\tau) = \frac{1}{T}\int_0^T x(t)x(t+\tau)\mathrm{d}t = \frac{A^2}{T}\int_0^T \sin(\omega t + \varphi)\sin[\omega(t+\tau)+\varphi]\mathrm{d}t$$

$$= \frac{A^2}{T}\int_0^T \cos\omega t\cos\omega(t+\tau)\mathrm{d}t$$

$$= \frac{A^2}{2}\cos\omega\tau$$

这说明自相关函数与原信号的初相无关。

3. 一线性系统，其传递函数为 $H(s) = \dfrac{1}{1+Ts}$，当输入信号为 $x(t) = x_0\sin 2\pi f_0 t$ 时，求：

（1）$R_y(\tau)$；（2）$S_y(f)$；（3）$R_{xy}(f)$；（4）$S_{xy}(f)$。

知识点：

（1）周期信号的自相关函数为

$$R_x(\tau) = \frac{1}{T}\int_0^T x(t)x(t+\tau)\mathrm{d}t$$

（2）互相关函数为

$$R_{xy}(\tau) = \lim_{T\to\infty}\frac{1}{T}\int_0^T x(t)y(t+\tau)\mathrm{d}t$$

（3）自功率和互谱密度函数分别为

$$S_x(f) = \int_{-\infty}^{+\infty} R_x(\tau)\mathrm{e}^{-\mathrm{j}2\pi f\tau}\mathrm{d}\tau$$

$$S_{xy}(f) = \int_{-\infty}^{+\infty} R_{xy}(\tau)\mathrm{e}^{-\mathrm{j}2\pi f\tau}\mathrm{d}\tau$$

解：
$$H(f) = \frac{1}{1+\mathrm{j}2\pi fT}$$

（1）

$$y(t) = |H(f_0)|x(t+t_0) = \frac{x_0}{\sqrt{1+(2\pi f_0 T)^2}}\sin(2\pi f_0 t + \varphi)$$

式中，$\varphi = -\arctan(2\pi f_0 T)$

$$R_y(\tau) = \frac{1}{T}\int_0^T \frac{x_0}{\sqrt{1+(2\pi f_0 T)^2}}\sin(2\pi f_0 t + \varphi)\frac{x_0}{\sqrt{1+(2\pi f_0 T)^2}}\sin[2\pi f_0(t+\tau)+\varphi]\mathrm{d}t$$

$$= \frac{x_0^2}{2[1+(2\pi f_0 T)^2]}\cos(2\pi f_0 \tau)$$

（2）

$$R_x(\tau) = \frac{1}{T}\int_0^T x_0\sin(2\pi f_0 t)x_0\sin[2\pi f_0(t+\tau)]\mathrm{d}t$$

$$= \frac{x_0^2}{2}\cos(2\pi f_0\tau)$$

$$S_x(f) = F[R_x(\tau)] = \frac{x_0^2}{4}[\delta(f+f_0)+\delta(f-f_0)]$$

$$S_y(f) = F[R_y(\tau)] = \frac{x_0^2}{4[1+(2\pi f_0 T)^2]}[\delta(f+f_0)+\delta(f-f_0)]$$

或

$$S_y(f) = |H(f)|^2 S_x(f) = \frac{x_0^2}{4[1+(2\pi f_0 T)^2]}[\delta(f+f_0)+\delta(f-f_0)]$$

（3）

$$R_{xy}(\tau) = \frac{1}{T}\int_0^T x_0\sin(2\pi f_0 t)\frac{x_0}{\sqrt{1+(2\pi f_0 T)^2}}\sin[2\pi f_0(t+\tau)+\varphi]\mathrm{d}t$$

$$= \frac{x_0^2}{2\sqrt{1+(2\pi f_0 T)^2}}\cos(2\pi f_0\tau+\varphi)$$

式中，$\varphi = -\arctan(2\pi f_0 T)$

（4）

$$S_{xy}(f) = H(f)S_x(f) = \frac{1}{1+\mathrm{j}2\pi fT}\frac{x_0^2}{4}[\delta(f+f_0)+\delta(f-f_0)]$$

$$= \frac{x_0^2}{4(1+\mathrm{j}2\pi fT)}[\delta(f+f_0)+\delta(f-f_0)]$$

4. 已知带限白噪声的功率谱密度为

$$S_x(f) = \begin{cases} S_0 & |f|\leqslant B \\ 0 & |f|>B \end{cases}$$

求其自相关函数 $R_x(\tau)$。

知识点：
$$R_x(\tau) = \int_{-\infty}^{+\infty}S_x(f)\mathrm{e}^{\mathrm{j}2\pi f\tau}\mathrm{d}f$$

解：
$$R_x(\tau) = \int_{-\infty}^{+\infty}S_x(f)\mathrm{e}^{\mathrm{j}2\pi f\tau}\mathrm{d}f = \int_{-B}^{B}S_0\mathrm{e}^{\mathrm{j}2\pi f\tau}\mathrm{d}f$$

$$= 2S_0\int_0^B\cos(2\pi f\tau)\mathrm{d}f = \frac{S_0}{\pi\tau}\sin(2\pi B\tau)$$

$$= 2BS_0\mathrm{sinc}(2\pi B\tau)$$

5. 已知信号的自相关函数 $R_x(\tau) = \left(\frac{60}{\tau}\right)\sin(50\tau)$，求该信号的均方值 ψ_x^2。

知识点： 自相关函数与均方值关系为 $R_x(0)=\psi^2$。

解：
$$\psi_x^2 = R_x(0) = \lim_{\tau\to 0}\left(\frac{60}{\tau}\right)\sin(50\tau)$$

$$= \lim_{\tau\to 0}3000\frac{\sin(50\tau)}{50\tau} = 3000$$

6. 用一个一阶系统做100Hz正弦信号的测量，若要求幅值误差在5%以内，时间常数最大应取多少？若用该时间常数在同一系统测试振幅为1V，频率为50Hz的正弦信号，求其输出的自相关函数及均方值。

知识点：

（1）一阶系统幅频特性为

$$A(\omega) = \frac{A_0}{\sqrt{1+(\tau\omega)^2}}$$

（2）周期信号的自相关函数为

$$R_x(\tau) = \frac{1}{T}\int_0^T x(t)x(t+\tau)\mathrm{d}t$$

（3）自相关函数与均方值关系为

$$R_x(0) = \psi^2$$

解：

$$|H(\mathrm{j}\omega)| = \frac{1}{\sqrt{1+\tau^2\omega^2}}$$

$$= \frac{1}{\sqrt{1+4\pi^2 f^2\tau^2}} = \frac{1}{\sqrt{1+4\times3.14^2\times100^2\tau^2}} \geqslant 0.95$$

解得

$$\tau \leqslant 5.23\times10^{-4}\mathrm{s}$$

取 $\tau = 5.23\times10^{-4}$ s。

于是，输出幅值为

$$A = \frac{1}{\sqrt{1+(5.23\times10^{-4})^2\times4\times3.14^2\times50^2}}\mathrm{V} = 0.987\mathrm{V}$$

自相关函数为

$$R_x(\tau) = \frac{1}{T}\int_0^T A\sin(\omega t)A\sin[\omega(t+\tau)]\mathrm{d}t = \frac{A^2}{2}\cos\omega\tau$$

$$= \frac{0.987^2}{2}\cos(100\pi\tau)\mathrm{V}^2 = 0.487\cos(314\tau)\mathrm{V}^2$$

均方值为

$$\psi_x^2 = R_x(0) = 0.487\mathrm{V}^2$$

7. 已知系统的脉冲响应函数为 $h(t) = \begin{cases} 1, & |t| \leqslant T/2 \\ 0, & |t| > T/2 \end{cases}$，若输入功率谱密度为 S_0 的白噪声，求输出信号的功率谱密度，输出信号的均方值。（提示：$\int_0^{+\infty}\frac{\sin^2 x}{x^2}\mathrm{d}x = \frac{\pi}{2}$）

知识点：

（1）系统的频响函数是脉冲响应函数的傅里叶变换。

$$H(f) = F[h(t)]$$

（2）输入、输出信号的自功率谱密度与系统频率响应函数的关系为

$$S_y(f) = |H(f)|^2 S_x(f)$$

（3）自相关函数与自功率谱密度函数、信号均方值关系为

$$R_x(0) = \int_{-\infty}^{+\infty} S_x(f)\mathrm{d}f = \psi^2$$

解：

（1）输入功率谱密度为 S_0 的白噪声，所以输入信号的功率谱为 $S_x(f) = S_0$。

脉冲响应函数 $h(t) = \begin{cases} 1, & |t| \leqslant T/2 \\ 0, & |t| > T/2 \end{cases}$ 的频谱函数，即系统频响函数为

$$H(f) = \int_{-\infty}^{+\infty} h(t) \mathrm{e}^{-\mathrm{j}2\pi fT} \mathrm{d}t = \int_{-T/2}^{T/2} 1 \times \mathrm{e}^{-\mathrm{j}2\pi fT} \mathrm{d}t = 2\int_0^{T/2} \cos 2\pi f\, t \mathrm{d}t$$

$$= T\frac{\sin \pi fT}{\pi fT} = T\mathrm{sinc}(\pi fT)$$

输出信号功率谱密度为

$$S_y(f) = |H(f)|^2 S_x(f) = |T\mathrm{sinc}(\pi fT)|^2 S_0 = T^2 S_0 [\mathrm{sinc}(\pi fT)]^2$$

（2）输出信号的均方值为

$$\psi_y^2 = \lim_{T\to\infty} \frac{1}{T}\int_0^T y^2(t)\mathrm{d}t = R_y(0) = \int_{-\infty}^{+\infty} S_y(f)\mathrm{d}f = \int_{-\infty}^{+\infty} T^2 S_0 [\mathrm{sinc}(\pi fT)]^2 \mathrm{d}f$$

$$= T^2 S_0 \int_{-\infty}^{+\infty} \frac{\sin^2(\pi fT)}{(\pi fT)^2}\mathrm{d}f = \frac{T^2 S_0}{\pi T}\int_{-\infty}^{+\infty} \frac{\sin^2(\pi fT)}{(\pi fT)^2}\mathrm{d}(\pi fT) = \frac{TS_0}{\pi}\pi = TS_0$$

8. 一个幅值为 1.414mV、频率为 5kHz 的正弦信号被淹没在正态分布均值为零的随机噪声中。该噪声的功率谱为带限均匀谱，其截止频率为 1MHz，功率谱密度为 10^{-10} V^2/Hz。

（1）求噪声的总功率、有效值和标准差。

（2）画出正弦信号加均值为零、随机噪声的合成信号的自相关函数的图形示意。

（3）对正弦信号和随机噪声，求以 dB 为单位的信噪比。

（4）使合成信号通过一个中心频率为 5kHz，带宽为 1kHz 的带通滤波器。这样，信噪比增加到多少 dB？

（5）在（4）条件下，通过平均器，对该信号取 100 个样本进行平均，于是，信噪比增加到多少 dB？

知识点：

（1）自相关函数与自功率谱密度函数、信号均方值关系为

$$R_x(0) = \int_{-\infty}^{+\infty} S_x(f)\mathrm{d}f = \psi^2$$

（2）只要信号中含有周期成分，其自相关函数在 τ 很大时都不衰减，并具有明显的周期性，周期函数的自相关函数仍为同频率的周期函数。不包含周期成分的随机信号（均值为零），当 τ 稍大时自相关函数就将趋近于零；当 $\tau = 0$ 时，$R_x(0)$ 的值最大。

（3）信噪比为

$$\mathrm{SNR} = 20\lg \frac{\sigma_x}{\sigma_N}$$

解：

（1）随机噪声的自相关函数 $R_N(\tau)$、功率谱 S_N 及其均方值 ψ_N^2 即总功率之间的关系为

$$\psi_N^2 = R_N(0) = \int_{-\infty}^{+\infty} S_N(f)\mathrm{d}f = 10^{-10} \times 10^6 \ \mathrm{V}^2$$

$$= 10^{-4} \ \mathrm{V}^2$$

随机噪声的有效值为

$$x_{\text{Nrms}} = \sqrt{\psi_N^2} = \sqrt{10^{-4}}\,\text{V} = 10^{-2}\,\text{V}$$

因为均值为零，所以有

$$\psi_N^2 = \sigma_N^2$$

于是，标准差为

$$\sigma_N = \sqrt{\psi_N^2} = 10^{-2}\,\text{V}$$

（2）随着自相关函数自变量的增加，随机成分衰减至零，正弦成分保持幅值和频率的信息。合成信号的自相关函数的图形如图4-2所示。

（3）正弦信号的标准差与其幅值 A 的关系为

$$\sigma_x = \frac{A}{\sqrt{2}} = \frac{1.414}{\sqrt{2}}\,\text{mV} = 1\,\text{mV}$$

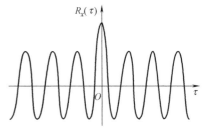

图 4-2 合成信号的自相关函数

信噪比为

$$\text{SNR} = 20\lg\frac{\sigma_x}{\sigma_N} = 20\lg\frac{10^{-3}}{10^{-2}}\text{dB} = -20\text{dB}$$

（4）通过滤波器后，随机噪声的均方值为

$$\psi_{N2}^2 = R_{N2}(0) = \int_{-\infty}^{+\infty} S_{N2}(f)\,\text{d}\ f = 10^{-10} \times 10^3\,\text{V}^2$$
$$= 10^{-7}\,\text{V}^2$$

标准差变为

$$\sigma_{N2} = \sqrt{\psi_{N2}^2} = 10^{-3.5}\,\text{V}$$

信噪比为

$$\text{SNR}_2 = 20\lg\frac{\sigma_x}{\sigma_{N2}} = 20\lg\frac{10^{-3}}{10^{-3.5}}\text{dB} = 10\text{dB}$$

（5）100次平均后，随机噪声的方差变为

$$\sigma_{N3} = \frac{\sigma_{N2}}{\sqrt{100}} = 10^{-4.5}\,\text{V}$$

信噪比为

$$\text{SNR}_3 = 20\lg\frac{\sigma_x}{\sigma_{N3}} = 20\lg\frac{10^{-3}}{10^{-4.5}}\text{dB} = 30\text{dB}$$

9. 已知某线性系统在频率 f_0 处的传递函数值为 $H(\text{j}2\pi f_0) = -4\text{j}$。当输入信号 $x(t) = 3\sin(2\pi f_0 t + \varphi)$ 时，求稳态输出 $y(t)$、互相关函数 $R_{xy}(\tau)$ 和互谱 $S_{xy}(f)$。

知识点：

（1）线性系统的稳态输出 $y(t)$ 为与简谐输入 $x(t)$ 同频率的简谐信号

$$y(t) = y_0\sin(2\pi f_0 t + \varphi + \theta)$$

可根据频响函数和输入信号，求出输出信号幅值 y_0 和相位差 θ。

（2）信号互相关函数为

$$R_{xy}(\tau) = \lim_{T \to \infty} \frac{1}{T}\int_0^T x(t)y(t+\tau)\,\text{d}t$$

（3）互谱密度函数为

$$S_{xy}(f) = \int_{-\infty}^{+\infty} R_{xy}(\tau)\mathrm{e}^{-\mathrm{j}2\pi f\tau}\mathrm{d}\tau$$

解： 因为 $H(\mathrm{j}2\pi f)$ 为线性系统，所以稳态输出 $y(t)$ 应为与简谐输入 $x(t)$ 同频率的简谐信号。设

$$y(t) = y_0\sin(2\pi f_0 t + \varphi + \theta)$$

则有

$$\begin{cases} y_0 = |H(\mathrm{j}2\pi f_0)|x_0 = |-4\mathrm{j}|\times 3 = 12 \\ \theta = \arctan\dfrac{-4}{0} = -\dfrac{\pi}{2} \end{cases}$$

根据同频率简谐信号的互相关性质，得

$$R_{xy}(\tau) = \frac{x_0 y_0}{2}\cos(2\pi f_0\tau - \theta) = \frac{1}{2}\times 3\times 12\cos\left(2\pi f_0\tau - \frac{\pi}{2}\right) = 18\sin(2\pi f_0\tau)$$

$$S_{xy}(f) = F[18\sin(2\pi f_0\tau)] = \mathrm{j}9[\delta(f+f_0) - \delta(f-f_0)]$$

10. 求如图 4-3 所示正弦波和方波的互相关函数。

知识点： 周期信号互相关函数为

$$R_{xy}(\tau) = \frac{1}{T}\int_0^T x(t)y(t+\tau)\mathrm{d}t$$

解： 如图 4-3 所示正弦信号和方波信号都是周期信号，且周期相同。

正弦信号

$$x(t) = \sin\left(\frac{2\pi}{T}t\right) = \sin\omega t$$

方波信号

$$y(t) = \begin{cases} -1 & (0 \leqslant t < T/4) \\ 1 & (T/4 \leqslant t < 3T/4) \\ -1 & (3T/4 \leqslant t < T) \end{cases}$$

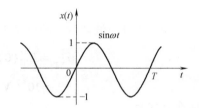

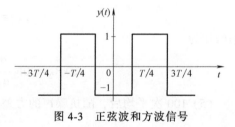

图 4-3　正弦波和方波信号

方法一：

$$R_{xy}(\tau) = \frac{1}{T}\int_0^T x(t)y(t+\tau)\mathrm{d}t = \frac{1}{T}\int_0^T x(t-\tau)y(t)\mathrm{d}t$$

$$= \frac{1}{T}\int_0^{T/4}(-1)\sin\omega(t-\tau)\mathrm{d}t + \frac{1}{T}\int_{T/4}^{3T/4}\sin\omega(t-\tau)\mathrm{d}t + \frac{1}{T}\int_{3T/4}^T(-1)\sin\omega(t-\tau)\mathrm{d}t$$

$$= \frac{2}{\pi}\sin\omega\tau$$

方法二：

将方波用傅里叶三角级数展开，运用三角函数正交性，方波基频信号与 $x(t)$ 同频有相关性，3ω、5ω 等高次谐波与 $x(t)$ 不同频不相关。

$$y(t) = -\frac{4}{\pi}\left(\cos\omega t - \frac{1}{3}\cos3\omega t + \frac{1}{5}\cos5\omega t + \cdots\right)$$

$$R_{xy}(\tau) = \frac{1}{T}\int_0^T x(t)y(t+\tau)\,\mathrm{d}t$$

$$= \frac{1}{T}\int_0^T \sin\omega t\left[-\frac{4}{\pi}\cos\omega(t+\tau)\right]\mathrm{d}t$$

$$= -\frac{4}{\pi T}\int_0^T \sin\omega t\cos\omega(t+\tau)\,\mathrm{d}t$$

$$= -\frac{2}{\pi T}\left[\int_0^T \sin(\omega t+\omega t+\omega\tau)\,\mathrm{d}t + \int_0^T \sin(\omega t-\omega t-\omega\tau)\,\mathrm{d}t\right]$$

$$= -\frac{2}{\pi T}\left[\int_0^T \sin(2\omega t+\omega\tau)\,\mathrm{d}t + \int_0^T \sin(-\omega\tau)\,\mathrm{d}t\right]$$

$$= \frac{2}{\pi}\sin\omega\tau$$

4.6 判断单选填空题答案

4.6.1 判断题答案

1. 对；2. 错；3. 错；4. 错；5. 对；6. 对；7. 对；8. 错；9. 错

4.6.2 单选题答案

1. D；2. A；3. B；4. C；5. D；6. B；7. A；8. D；9. C；10. C；11. C；12. B；13. B；14. D

4.6.3 填空题答案

1. 1 或 −1

2. 0

3. 幅值，频率

4. 0

5. 自功率谱密度

6. 相干函数

第5章

常用传感器的变换原理

5.1 判断题

1. 一般基于光电效应、压电效应等的物性型传感器，响应时间短，工作频率范围宽。而结构型，如电感、电容、磁电式传感器等，由于受到结构特性的影响、机械系统惯性的限制，其固有频率较低。（ ）

2. 由于应变计所测出的应变值是敏感栅区域内的最大应变，所以测应变梯度变化较大时，通常选用栅长短的应变计；测平均应变时，易选用栅长长的应变计。（ ）

3. 差动型可变磁阻式传感器当衔铁有位移时，可以使两个线圈的间隙按 $\delta_0 + \Delta\delta$、$\delta_0 - \Delta\delta$ 变化，一个线圈自感增加，另一个线圈自感减小。将两线圈接于电桥的相邻桥臂时，其输出灵敏度可提高四倍，并改善了线性。（ ）

4. 能够测量湿度的电容式传感器属于变极距型电容传感器。（ ）

5. 电容式转速传感器的工作原理可为齿轮外沿面为电容器的动极板，当电容器定极板与齿顶相对时，电容量最大；而与齿隙相对时，则电容量最小。当齿轮转动时，电容量发生周期性变化。（ ）

6. 压电传感器工作原理基于某些物质的压电效应，是一种不可逆转换器，它只可以将机械能转换为电能。（ ）

7. 压电元件并联连接时，电容量大，输出电荷量大，适用于测量缓变信号和以电荷为输出的场合。（ ）

8. 基于外光电效应的光电器件属于光电发射型器件，包括有光电管、光电倍增管等。（ ）

9. 光纤传感技术就是利用光纤将被测量对光纤内传输的电参量进行调制，并对被调制过的电信号进行解调检测，从而获得被测量。（ ）

5.2 单选题

1. 半导体应变计在外力的作用下引起电阻变化的因素主要是（ ）。

（A）长度　　（B）截面积　　（C）电阻率　　（D）温度

2. 在位移测量中，（ ）传感器适用于非接触测量，而且不易受油污等介质影响。

（A）电容 （B）压电 （C）电阻 （D）涡流

3. 面积变化型电容传感器的灵敏度（ ）。

（A）正比于两块极板之间的线速度

（B）正比于两块极板之间的线位移

（C）正比于两块极板之间的间隙

（D）等于常数

4. 变极板间隙型电容传感器的输入与输出成（ ）关系。

（A）正比 （B）线性 （C）反比 （D）二次方

5. 下列（ ）传感器都是把被测量变换为电动势输出的。

（A）热电偶、电涡流、电阻应变

（B）热电偶、霍尔、半导体气敏传感器

（C）硅光电池、霍尔、磁电

（D）压电、霍尔、电感

6. （ ）传感器适用于几米到几十米的大型机床工作台位移的直线测量。

（A）电涡流 （B）电容 （C）压磁式 （D）光栅

7. 下列（ ）传感器较适合于测量旋转轴的转速。

（A）电涡流、电阻应变、电容

（B）磁电感应、电涡流、光电

（C）硅光电池、霍尔、压磁

（D）压电、霍尔、电感式

8. 下面对涡流传感器描述正确的是（ ）。

（A）不受油污等介质影响

（B）它属于接触测量

（C）有高频透射式

（D）有低频反射式

9. 关于极距变化型电容传感器，（ ）的说法是错误的。

（A）极板之间的距离越小，灵敏度越高

（B）电容与极板的位移呈线性关系

（C）采用差动连接方式可以提高灵敏度

（D）测量时，保持极板的覆盖面积不变

10. 关于可变磁阻式传感器，（ ）的说法是错误的。

（A）自感与气隙长度成正比例，与气隙导磁截面积成反比例

（B）可以把双螺管差动型的线圈作为电桥的两个桥臂

（C）采用差动连接方式可以提高灵敏度和线性

（D）变气隙型的灵敏度比面积型的灵敏度高

11. 关于线性可变差动变压器（LVDT）式传感器，（ ）的说法是错误的。

（A）两个二次线圈的参数完全相同

（B）后接电路包括相敏检波器

（C）传感器输出的电压是交流量，可以用交流电压表测量铁心位移的极性

（D）在后接电路中，需要补偿零点残余电压

12. 在使用时，下列器件中的 （　　　） 需要外加磁场。

（A）压磁传感器　　　　　　（B）霍尔元件

（C）磁电式速度传感器　　　（D）运算放大器

13. 下列不属于能量转换型传感器的是 （　　　）。

（A）压电式传感器　　　　　（B）磁电式传感器

（C）热电偶传感器　　　　　（D）电容式传感器

5.3　填空题

1. 为了提高变极距型电容传感器的灵敏度、线性度及减小外部条件变化对测量精度的影响，实际应用时常采用 （　　　） 工作方式。

2. 电容式传感器通常可分为极距变化型、面积变化型和 （　　　） 型。

3. 两个压电元件的 （　　　） 适用于测量以电压为输出的场合。

4. 双螺线管差动型电感传感器比单螺线管型电感式传感器有较高的灵敏度和 （　　　）。

5. 一个霍尔元件有 （　　　） 根引线。

5.4　简答题

1. 什么是物性型传感器？什么是结构型传感器？试举例说明。

答：物性型传感器依靠敏感元件材料本身的物理变化来实现信号变换。例如，利用水银的热胀冷缩现象制成水银温度计来测温；利用石英晶体的压电效应制成压电测力计等。

结构型传感器依靠传感器结构参数的变化而实现信号转换。例如，电容式传感器依靠极板间距离变化引起电容量变化；电感式传感器依靠衔铁位移引起自感或互感变化等。

2. 有源型传感器和无源型传感器有何不同？试举例说明。

答：有源型传感器即能量控制型传感器，是从外部供给辅助能量使其工作的，并由被测量来控制外部供给能量的变化。例如，电阻应变测量中，应变计接于电桥上，电桥工作能源由外部供给，由被测量变化所引起应变计的电阻变化来控制电桥的不平衡程度。此外，电感式测微仪、电容式测振仪等均属此种类型。

无源型传感器即能量转换型传感器，是直接由被测对象输入能量使其工作的，例如，热电偶温度计、弹性压力计等。但由于这类传感器是被测对象与传感器之间的能量传输，必然会导致被测对象状态的变化，而造成测量误差。

3. 什么是金属的电阻应变效应？金属丝的灵敏度系数的物理意义是什么？有何特点？

答：金属发生应变时，其电阻值随之发生变化的现象称为电阻应变效应。金属丝的灵敏度系数是其在单位应变条件下的电阻变化率。在金属丝的屈服极限以下的范围内，灵敏度系数为常数。

4. 金属应变计与半导体应变计在工作原理上有何不同？

答：金属应变计利用金属应变引起电阻的变化。半导体应变计是利用半导体电阻率变化引起电阻的变化（压阻效应）。

5. 什么是应变计的灵敏系数？它与电阻丝的灵敏系数有何不同？为什么？

答：对于安装的应变计，在单向应力状态下，受力方向与敏感栅轴向相同时，应变计的电阻变化率与轴向应变的比值称为应变计的灵敏系数。

一般情况下，应变计的灵敏系数小于电阻丝的灵敏系数。主要原因是：当应变计粘贴于弹性体表面或者直接将应变计粘贴于被测试件上时，由于基底和粘结剂的弹性模量与敏感栅的弹性模量之间有差别等原因，弹性体或试件的变形不可能全部均匀地传递到敏感栅；丝栅横向效应的影响。

6. 什么是半导体的压阻效应？半导体应变计的灵敏度系数有何特点？

答：半导体材料发生应变时，其电阻系数发生变化的现象称为压阻效应。半导体应变计的灵敏度系数比较大，是金属材料的 50～70 倍，但是对于同规格型号的应变计，其数值的差异比较大，易受温度的影响。

7. 在自感式传感器中，螺管式自感传感器的灵敏度最低，为什么在实际应用中却应用最广泛？

答：在自感式传感器中，虽然螺管式自感传感器的灵敏度最低，但示值范围大、线性也较好，同时还具备自由行程可任意安排、制造装配方便、可互换性好等优点。由于具备了这些优点，而灵敏度低的问题可在放大电路方面加以解决，故目前螺管式自感传感器应用最广泛。

8. 试比较可变磁阻式自感传感器与差动变压器式传感器的异同。

答：不同点：自感式传感器把运动参数的变化转换成自感的变化，通过测量电路把感抗转换成电压或电流输出。差动变压器式传感器把运动参数的变化转换成互感的变化，可以直接输出电压信号。

相同点：属于能量控制型传感器，参量转换中包括感抗的变化，都可以分为变气隙型、变截面型和螺管型三种类型，并且可以通过差动连接消除电感非线性的影响。

9. 说明高频反射式涡流传感器的基本工作原理。

答：涡流传感器利用金属在交变磁场中的涡流效应。当传感器的线圈即探头通过确定幅值和频率的高频激励电流，线圈产生的磁力线会在金属被测物体中激发涡电流。涡电流的磁力线方向与线圈产生的磁力线方向相反，从而使线圈的电感发生变化。变化量与被测量金属物体和探头之间的距离、材料的电磁特性、材质的均匀性等参数有关，可以选择其中某个参数作为被测量。

10. 涡流位移传感器测量位移与其他位移传感器比较，其主要优点是什么？涡流传感器能否测量大位移？为什么？

答：电涡流式传感器具有频率响应范围宽，灵敏度高，振动测量范围大，结构简单，抗干扰能力强，不受油污等介质影响，特别是其具有非接触测量等优点。

因为涡流传感器受变换磁场大小的限制，故它不能用于测量大位移。

11. 电涡流传感器除了能测量位移外，还能测量哪些非电量？

答：涡流传感器除了能够测量位移外，还可测量由位移量变换而来的被测对象，例如位移振幅、表面粗糙度、转速、零件尺寸、零件个数、零件厚度、回转轴线误差运动等测量；由被测材质物性变换来的被测对象，例如温度、硬度、涡流探伤等。

12. 利用电涡流传感器测量物体的位移。如果被测物体由塑料制成，位移测量是否可行？为什么？

答：不可行。因为电涡流传感器是电感传感器的一种形式，是利用金属导体在交变磁场中的涡流效应进行工作的，而塑料不是导体，不能产生涡流效应，故不可行。

13. 为什么电容式传感器易受干扰？如何减小干扰？

答：传感器两极板之间的电容很小，仅几十皮法甚至只有几皮法（pF），而传感器与测量仪器之间的连接电缆的电容却很大，1m 屏蔽线的电容最小的有几皮法（pF），最大的可达上百皮法（pF）。这不仅使传感器的电容相对变化大大降低，灵敏度也降低，更严重的是电缆本身放置的位置和形状不同，或因振动等原因，都会引起电缆本身电容的较大变化，给测量带来误差。

利用集成电路，使测量电路小型化，可以放在传感器内部，这样，传输导线输出直流电压信号，不受分布电容的影响。采用屏蔽传输电缆，可以适当降低分布电容的影响。

14. 如何改善单极变极距型电容传感器的非线性？

答：为减小非线性误差，一般取极距相对变化范围 $\Delta\delta/\delta_0 \leqslant 0.1$。

为改善非线性，提高灵敏度和减少外界因素（如电源电压、环境温度等）的影响，常采用差动形式。

15. 简述压电传感器的工作原理。

答：压电传感器用压电材料制成，压电材料在一定方向受到力的作用而发生变形时，在一定表面上将产生电荷，当外力去掉后，又重新回到不带电状态，这种现象称为压电效应。相反，如果在这些物质的极化方向施加电场，这些物质就在一定方向上产生机械变形或机械应力，当外电场撤去时，这些变形或应力也随之消失，这种现象称之为逆压电效应。压电元件包括压电材料和两个电极，构成电容器。因此，受到外力作用时，压电元件等效于电容器和电荷源或电压源。压电传感器利用压电效应和逆压电效应实现机械量和电量的转换。

16. 为什么压电传感器通常用于测量动态信号？

答：由于不可避免地存在电荷泄漏，因此利用压电式传感器测量静态或准静态量值时，必须采取一定措施使电荷从压电元件经测量电路的漏失减小到足够小的程度；动态测量时，电荷可以不断补充，从而供给测量电路一定的电流，故压电传感器适宜做动态测量。

17. 简述低频透射式涡流传感器工作原理。

答：如图 5-1 所示，发射线圈 W_1 和接收线圈 W_2 分别放在被测材料 G 的上下，低频（音频范围）电压 e_1 加到线圈 W_1 的两端后，在周围空间产生一交变磁场，并在被测材料 G 中产生涡流 i，此涡流损耗了部分能量，使贯穿 W_2 的磁力线减少，从而使 W_2 产生的感应电势 e_2 减小。e_2 的大小与 G 的厚度及材料性质有关，实验与理论证明，e_2 随材料厚度 h 增加按负指数规律减小。

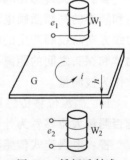

图 5-1　低频透射式
涡流传感器

5.5　计算与应用题

1. 电容传感器（平行极板电容器）的圆形极板半径 $r = 4$mm，工作初始时，极板间距离 $\delta_0 = 0.3$mm，介质为空气。问：

（1）如果极板间距离变化量 $\Delta\delta = \pm1\mu m$，那么电容的变化量 ΔC 是多少？

（2）如果测量电路的灵敏度 $S_1 = 100mV/pF$，读数仪表的灵敏度 $S_2 = 5$ 格/mV，在 $\Delta\delta = \pm1\mu m$ 时，那么仪表读数的变化量为多少？

知识点：电容器的电容量为

$$C = \frac{\varepsilon_0 \varepsilon A}{\delta}$$

解：

（1）电容的变化量比值为

$$\frac{\Delta C}{C} \approx -\frac{\Delta\delta}{\delta}$$

$$\Delta C = -C\frac{\Delta\delta}{\delta} = -\frac{\varepsilon_0 \pi r^2 \Delta\delta}{\delta^2}$$

$$= -\frac{8.85\times10^{-12}\times3.14\times(4\times10^{-3})^2(\pm10^{-6})}{(0.3\times10^{-3})^2}F$$

$$= \mp4.94\times10^{-15}F = \mp4.94\times10^{-3}pF$$

（2）仪表读数的变化量为

$$\Delta x = S_1 S_2 \Delta C = 100\times5\times(\mp4.94\times10^{-3})\ \text{格}$$

$$= \mp2.47\ \text{格}$$

2. 变面积型电容传感器，矩形极板宽度 $b = 4mm$，间隙 $\delta = 0.5mm$，极板间介质为空气，试求其静态灵敏度。若极板移动 $2mm$，求其电容变化量。

知识点：电容器的电容量为

$$C = \frac{\varepsilon_0 \varepsilon A}{\delta}$$

解：在空气中，$\varepsilon = 1$，平板电容的公式为

$$C = \frac{\varepsilon_0 b l}{\delta}$$

传感器的灵敏度为

$$S = \frac{\varepsilon_0 b}{\delta} = \frac{8.854\times10^{-12}\times4\times10^{-3}}{0.5\times10^{-3}}F/m = 70.8\times10^{-12}\ F/m$$

$$= 0.0708pF/mm$$

于是，电容变化量为

$$\Delta C = S\Delta l = 0.0708\times2pF = 0.142pF$$

3. 压电式加速度传感器的固有电容为 C_a，电压灵敏度 $K_u = U_0/a$（a 为被测加速度），输出电荷灵敏度 $K_q = Q/a$。试推导 K_u 和 K_q 的关系。

知识点：电容器中电荷、电压与电容的关系 $Q = CU$。

解：因为

$$Q = C_a U_0$$

$$K_q a = C_a K_u a$$

所以

$$K_q = C_a K_u$$

4. 可变磁阻传感器由一个有铁心的线圈、可变气隙和一个衔铁组成。线圈的匝数 $N = 500$，铁心为半径 $r = 5\text{mm}$ 的钢棒，并且被弯成直径 $D = 40\text{mm}$ 的半圆，衔铁为厚度 5mm、宽度 10mm 的钢板。已知铁心和衔铁的相对磁导率均为 $\mu = 100$；空气的相对磁导率为 1，在自由空间的磁导率为 $\mu_0 = 4\pi \times 10^{-7}\ \text{H} \cdot \text{m}^{-1}$。试计算气隙 δ 为 1mm 和 3mm 时该传感器的电感 L。

知识点：可变磁阻式传感器磁路总磁阻为

$$R_\text{m} = \frac{l_\text{c}}{\mu\mu_0 A_\text{c}} + \frac{l_\text{a}}{\mu\mu_0 A_\text{a}} + \frac{2\delta}{\mu_0 A_0}$$

解：根据磁通路线的中心计算，磁路的总磁阻为

$$R_\text{m} = \frac{l_\text{c}}{\mu\mu_0 A_\text{c}} + \frac{l_\text{a}}{\mu\mu_0 A_\text{a}} + \frac{2\delta}{\mu_0 A_0} = \frac{1}{\mu_0}\left(\frac{D}{2\mu r^2} + \frac{D}{\mu A_\text{a}} + \frac{2\delta}{\pi r^2}\right)$$

当 δ 为 1mm 时，有

$$R_\text{m} = \frac{1}{4\times\pi\times10^{-7}}\left[\frac{40\times10^{-3}}{2\times100\times(5\times10^{-3})^2} + \frac{40\times10^{-3}}{100\times50\times10^{-6}} + \frac{2\times10^{-3}}{\pi\times(5\times10^{-3})^2}\right]\text{H}^{-1}$$

$$= \frac{1}{4\times3.14\times10^{-10}}\left[0.008 + 0.008 + \frac{2}{3.14\times25}\right]\text{H}^{-1}$$

$$= 3.30\times10^7\ \text{H}^{-1}$$

线圈的电感为

$$L = \frac{N^2}{R_\text{m}} = \frac{500^2}{3.30\times10^7}\text{H} = 7.6\times10^{-3}\ \text{H} = 7.6\text{mH}$$

当 δ 为 3mm 时，有

$$R_\text{m} = \frac{1}{4\times3.14\times10^{-10}}\left[0.008 + 0.008 + \frac{2\times3}{3.14\times25}\right]$$

$$= 7.35\times10^7\text{H}^{-1}$$

于是，有

$$L = \frac{N^2}{R_\text{m}} = \frac{500^2}{7.36\times10^7}\text{H} = 3.4\times10^{-3}\ \text{H} = 3.4\text{mH}$$

5. 变磁阻式转速计由一个导磁材料的齿轮和一个含磁铁的线圈组成，其中齿轮的齿数是 24。通过线圈的总磁通（单位：mWb）为

$$N\Phi(\theta) = 3.0 + 1.5\cos24\theta$$

式中，θ 为齿轮相对于磁铁的角位置。当齿轮的转速为 $n = 3000\text{r/min}$，试求输出信号的幅值和频率。

知识点：感生电动势为

$$U = -\frac{\text{d}N\Phi}{\text{d}t}$$

解：因为

$$\theta = \omega t = \frac{2\pi n}{60}t = \frac{2\pi \times 3000}{60}t = 2\pi \times 50t$$

所以总磁通为

$$N\Phi(\theta) = \left[3.0 + 1.5\cos(24 \times 2\pi \times 50t)\right]\text{mWb}$$

输出电压为

$$U = -\frac{\mathrm{d}N\Phi}{\mathrm{d}t} = 11310 \times 10^{-3}\sin(2\pi 1200t)\,\text{V} = 11.3\sin(2\pi 1200t)\,\text{V}$$

于是，输出信号的幅值和频率分别为 11.31V 和 1200Hz。

5.6 判断单选填空题答案

5.6.1 判断题答案

1. 对；2. 错；3. 错；4. 错；5. 对；6. 错；7. 对；8. 对；9. 错

5.6.2 单选题答案

1. C；2. D；3. D；4. C；5. C；6. D；7. B；8. A；9. B；10. A；11. C；12. B；13. D

5.6.3 填空题答案

1. 差动

2. 介电常数变化

3. 串联

4. 线性

5. 3 或 4

第6章

信号的调理与记录

6.1　判断题

1. 当电桥输出端接入的仪表或放大器的输入阻抗足够大时，可认为其负载阻抗为无穷大。这时把电桥称为电压桥；当其输出阻抗与内电阻匹配时，满足最大功率传输条件，这时电桥被称为功率桥或电流桥。（　　）

2. 在采用应变计测量转轴扭矩时，为了减少集流器的电阻变化的影响，以便减少误差，常采用应变计串联或使用大阻值应变计。（　　）

3. 信号幅值调制过程就相当于频率"搬移"过程。调制器起载波信号与调制信号加法器的作用。（　　）

4. "同步"解调是指解调时，调幅波所乘的信号与幅值调制时的载波信号具有相同的频率和相位。（　　）

5. 放大器的截止频率定义为增益减少到常数增益（$\sqrt{2}/2$）dB 时的频率。（　　）

6. 滤波器按选频特性可分为四种类型：低通、高通、带通和带宽滤波器。（　　）

7. 串联所得的带通滤波器以原高通的截止频率为下截止频率，原低通的截止频率为上截止频率。（　　）

8. 滤波器因素 λ 是滤波器幅频特性的−50dB 带宽与−3dB 带宽的比值。（　　）

9. 恒带宽比滤波器中心频率 f_n 越大，其带宽 B 越大，频率分辨率越低。（　　）

6.2　单选题

1. 下列（　　）为不正确叙述。

（A）低通滤波器带宽越窄，表示它对阶跃响应的建立时间越短

（B）截止频率是幅频特性值为 $A_0/\sqrt{2}$ 所对应的频率

（C）截止频率为对数幅频特性衰减 3dB 所对应的频率

（D）带通滤波器的带宽为上、下截止频率之间的频率范围

2. 调幅波（AM）是（　　）。

（A）载波与调制信号（即被测信号）相加

（B）载波幅值随调制信号幅值而变

(C) 载波频率随调制信号幅值而变

(D) 载波相位随调制信号幅值而变

3. 调幅信号经过解调后必须经过 ( )。

(A) 带通滤波器　　(B) 低通滤波器　　(C) 高通滤波器　　(D) 相敏检波器

4. 用磁带记录仪对信号进行慢放，输出信号频谱的带宽 ( )。

(A) 变窄，幅值压低

(B) 扩展，幅值增高

(C) 扩展，幅值压低

(D) 变窄，幅值增高

5. 数据采集之前一环节为信号调理，以下除了 ( ) 以外的其他项目均是信号调理包括的内容。

(A) 信号放大　　(B) 信号衰减　　　　(C) 滤波　　　　(D) 傅里叶变换

6. 在 1/3 倍频程分析中，带宽是 ( )。

(A) 常数

(B) 与中心频率成正比的

(C) 与中心频率成指数关系的

(D) 最高频率的 1/3

7. 有一 1/2 倍频滤波器，其低端、高端截止频率和中心频率分别为 f_{c1}、f_{c2}、f_n，带宽为 B、下面的表述正确的是 ( )。

(A) $f_n = 1.5 f_{c1}$　　(B) $B = f_{c1}$　　　(C) $f_{c2} = \sqrt{f_{c1} f_n}$　　(D) $f_{c2} = \sqrt{2} f_{c1}$

8. 如果比较同相放大器和反相放大器，下列说法中，( ) 是不符合实际的。

(A) 它们都具有低输出阻抗的特性，一般小于 1Ω

(B) 它们的增益取决于反馈电阻与输入电阻的比值，而非实际电阻值

(C) 它们的增益带宽积相同

(D) 对于这两种放大器，相角与频率之间的关系相同

9. 为了减少测量噪声，除了 ( )，应避免以下做法：

(A) 为了节省导线，使传感器外壳和测量仪器的外壳分别接地

(B) 为了安装方便，把仪器的接地点连接到电源插头的地线

(C) 为了减小电磁干扰，两电源线尽可能互相靠近并互相缠绕，两信号线也应如此

(D) 为了减小耦合电容，使用屏蔽电缆并且使屏蔽层在传感器端和仪器端接地

6.3 填空题

1. 交流电桥 4 个桥臂的阻抗按时针顺序分别是 $\vec{Z}_1$、$\vec{Z}_2$、$\vec{Z}_3$、$\vec{Z}_4$，其平衡条件是 ( )。

2. 调幅波可以看作是载波与调制波的 ( )。

3. 一个变送器用 24V 电源供电，就其测量范围，输出 4~20mA 的电流。为了把信号输入虚拟仪器，可在变送器电路中串联一个 ( ) Ω 的标准电阻，以便在该电阻两端取出

1~5V 的电压信号。

4. 恒带宽比滤波器的中心频率越高，其带宽（　　　），频率分辨率越低。

5. 增益在高频率下降是运放的固有特征，低频增益与截止频率之间的关系可以用（　　　）（GPB）来描述。如果希望较高的增益和带宽，可以使两个放大器（　　　）。

6. 为了减小负载误差，放大器的输入阻抗一般是很（　　　）的。

7. 同相放大器和反相放大器的输出阻抗都是很（　　　）的。

8. 设计滤波器时，必须指明滤波器的种类、（　　　）、逼近方式和阶数。对于某些逼近方式，还要指明通带或阻带的波纹。

6.4　简答题

1. 通常测试系统由哪几部分组成？简要说明各组成部分的主要功能。

答：测试系统的组成及其主要功能如下：

（1）传感器：把被测量转换为电量。

（2）中间电路：对传感器输出的信号进行转换和处理。

（3）显示记录装置：对来自中间电路的信号做显示和记录。

2. 等臂电桥单臂工作，电源电压为 $U_0 = U_m \sin \omega_H t$，输入信号为 $\varepsilon = E \sin \Omega t$，$\omega_H \gg \Omega$。写出输出电压 U_{BD} 并示意画出各信号时域曲线。

答：输出公式为

$$U_{BD} = \frac{1}{4} U_m K E \sin(\Omega t) \sin(\omega_H t)$$

各信号曲线如图 6-1 所示。

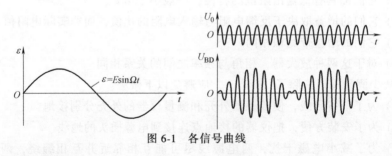

图 6-1　各信号曲线

3. 选择一个正确的答案。

将两个中心频率相同的滤波器串联，可以达到：

（1）扩大分析频带。

（2）滤波器选择性变好，但相移增加。

（3）幅频、相频特性都得到改善。

答：选（2）。两个中心频率相同的滤波器串联，总幅频特性为两个滤波器的乘积，因此通带外的频率成分将有更大的衰减斜率。总的相频特性为两个滤波器的叠加，所以相位变化更加剧烈。

4. 什么是滤波器的分辨力？与哪些因素有关？

答：滤波器的分辨力是指滤波器分离信号中相邻频率成分的能力。

滤波器的分辨力与滤波器的带宽有关，通常带宽越窄分辨力越高。而滤波器对阶跃响应的建立时间与带宽的乘积等于常数。

5. 设一带通滤波器的下截止频率为 f_{c1}，上截止频率为 f_{c2}，中心频率为 f_c，请指出下列陈述中的正确与错误。

（1）倍频程滤波器 $f_{c2} = \sqrt{2}\, f_{c1}$。

答：错误，应为 $f_{c2} = 2 f_{c1}$。

（2）$f_c = \sqrt{f_{c1} f_{c2}}$。

答：正确。

（3）滤波器的截止频率就是此通频带的幅值 $-3\mathrm{dB}$ 处的频率。

答：正确。

（4）下限频率相同时，倍频程滤波器的中心频率是 1/3 倍频程滤波器的中心频率的 $\sqrt[3]{2}$。

答：正确，参考计算如下：

$$f_{1n} = 2^{\frac{1/3}{2}} f_{c1} = 2^{1/6} f_{c1} \qquad f_{2n} = 2^{1/2} f_{c1}$$
$$f_{2n} / f_{1n} = 2^{1/3}$$

6. 信号调理的常见环节有哪些？各解决什么问题？

答：信号调理环节主要包括：

（1）电桥：将传感器的电路参数变化转变为电压或电流的变化。

（2）调制与解调：解决信号传输过程中缓变信号的失真问题。

（3）信号放大与衰减：解决微弱信号的传输问题，满足信号采集与处理的需要。

（4）滤波：消除噪声和干扰信号。

6.5　计算与应用题

1. 以阻值 $R = 120\Omega$，灵敏度系数 $K = 2$ 的电阻应变计与阻值为 120Ω 的固定电阻组成电桥，供桥电压为 2V，并假定负载为无穷大，当应变计的应变为 $2\mu\varepsilon$ 和 $2000\mu\varepsilon$ 时，求出单臂工作的输出电压。若采用双臂电桥，另一桥臂的应变为 $-2\mu\varepsilon$ 和 $-2000\mu\varepsilon$ 时，求其输出电压并比较两种情况下的灵敏度。

知识点：全等臂直流电压，电桥输出电压为

$$U_{BD} = \frac{1}{4} U_0 K (\varepsilon_1 - \varepsilon_2 + \varepsilon_3 - \varepsilon_4)$$

解：单臂工作，应变为 $2\mu\varepsilon$ 时，有

$$U_{BD} = \frac{1}{4} U_0 K \varepsilon_1 = \frac{1}{4} \times 2 \times 2 \times 2 \times 10^{-6}\,\mathrm{V} = 2 \times 10^{-6}\,\mathrm{V}$$

应变为 $2000\mu\varepsilon$ 时，有

$$U_{BD} = \frac{1}{4} U_0 K \varepsilon_1 = \frac{1}{4} \times 2 \times 2 \times 2000 \times 10^{-6}\,\mathrm{V} = 2 \times 10^{-3}\,\mathrm{V}$$

双臂工作，应变为 $2\mu\varepsilon$ 时，有

$$U_{BD} = \frac{1}{4} U_0 K(\varepsilon_1 - \varepsilon_2) = \frac{1}{4} \times 2 \times 2 \times (2 \times 10^{-6} + 2 \times 10^{-6}) \, \text{V} = 4 \times 10^{-6} \, \text{V}$$

应变为 $2000\mu\varepsilon$ 时，有

$$U_{BD} = \frac{1}{4} U_0 K(\varepsilon_1 - \varepsilon_2) = \frac{1}{4} \times 2 \times 2 \times (2000 \times 10^{-6} + 2000 \times 10^{-6}) \, \text{V} = 4 \times 10^{-3} \, \text{V}$$

显然，双臂工作时，灵敏度增加了一倍。

2. 有人在使用电阻应变计时，发现灵敏度不够，于是试图在工作电桥上增加电阻应变计数量以提高灵敏度，如图 6-2 所示。试问，在串联或并联情况下，是否可提高灵敏度？为什么？

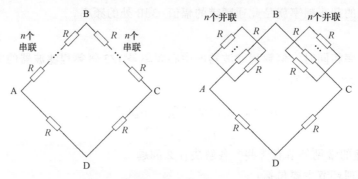

图 6-2　应变计串联或并联组成的电桥

知识点：直流电压，全桥输出电压为

$$U_{BD} = \frac{1}{4} U_0 \left(\frac{\Delta R_1}{R_1} - \frac{\Delta R_2}{R_2} + \frac{\Delta R_3}{R_3} - \frac{\Delta R_4}{R_4} \right)$$

解：工作臂为多个应变计串联的情况，R_1、R_2 桥臂由 n 个应变计串联，$R_3 = R_4 = R$，当 R_1 桥臂的 n 个 R 都有增量 ΔR_i 时，电桥的输出为

$$U_{BD} = \frac{U_0}{4} \frac{\sum_{i=1}^{n} \Delta R_i}{nR} = \frac{U_0}{4} \frac{1}{n} \sum_{i=1}^{n} \frac{\Delta R_i}{R}$$

U_0 一定时，桥臂应变计相串联后并不能使电桥输出增加，不能提高灵敏度。但是桥臂阻值增加，在保证电流不变的情况下，可适当提高供桥电压，使电桥输出增加，能提高灵敏度。在一个桥臂上有加减特性。

工作臂并联时，R_1、R_2 桥臂由 n 个应变计并联，$R_3 = R_4 = R$，当 R_1 桥臂的 n 个 R 都有增量 ΔR_i 时，电桥的输出为

$$\frac{1}{R_1} = \sum_{i=1}^{n} \frac{1}{R_i} \frac{\mathrm{d}R_1}{R_1^2} = \sum_{i=1}^{n} \frac{\mathrm{d}R_i}{R_i^2}$$

$$R_1 = \frac{R}{n} \frac{\Delta R_1}{R_1} = \frac{1}{n} \sum_{i=1}^{n} \frac{\Delta R_i}{R}$$

$$U_{BD} = \frac{U_0}{4} \frac{\Delta R_1}{R_1} = \frac{U_0}{4} \frac{1}{n} \sum_{i=1}^{n} \frac{\Delta R_i}{R}$$

可见，采用并联电阻方法也不能增加输出，不能提高灵敏度。

3. 已知调幅波

$$x_a(t) = (100+30\cos2\pi f_1t+20\cos6\pi f_1t)(\cos2\pi f_ct)$$

其中 $f_c = 10\text{kHz}$，$f_1 = 500\text{Hz}$。试求调幅波所包含的各分量的频率及幅值。

知识点：幅值调制（调幅波）就是将载波信号与调制信号相乘，使载波的幅值随被测量信号幅值变化。

解：
$$x_a(t) = 100\cos2\pi f_ct+30\cos2\pi f_1t\cos2\pi f_ct+20\cos6\pi f_1t\cos2\pi f_ct$$
$$= 100\cos2\pi f_ct+15\cos2\pi(f_c+f_1)t+15\cos2\pi(f_c-f_1)t+$$
$$10\cos2\pi(f_c+3f_1)t+10\cos2\pi(f_c-3f_1)t$$
$$= 100\cos(2\pi\times10000t)+15\cos(2\pi\times10500t)+15\cos(2\pi\times9500t)+$$
$$10\cos(2\pi\times11500t)+10\cos(2\pi\times8500t)$$

调幅波各分量的频率及幅值见表 6-1。

表 6-1　调幅波各分量的频率及幅值

频率/Hz	10000	10500	9500	11500	8500
幅值	100	15	15	10	10

4. 用电阻应变计接成全桥，单臂工作，测量某一构件的应变，已知其变化规律为

$$\varepsilon(t) = 10\cos10t+8\cos100t$$

如果电桥激励电压是 $u_0 = 4\sin10000t$，应变计灵敏度系数 $K = 2$。求此电桥输出信号的频谱（并画出幅频谱图）。

知识点：

（1）全等臂直流电压，电桥输出电压为

$$U_{BD} = \frac{1}{4}U_0K(\varepsilon_1-\varepsilon_2+\varepsilon_3-\varepsilon_4)$$

（2）两个时间函数乘积的傅里叶变换等于它们各自傅里叶变换的卷积。

$$x_1(t)x_2(t)\Leftrightarrow X_1(f)*X_2(f)$$

（3）正弦、余弦函数的傅里叶变换为

$$\sin(2\pi f_0t)\Leftrightarrow j\frac{1}{2}[\delta(f+f_0)-\delta(f-f_0)]$$

$$\cos(2\pi f_0t)\Leftrightarrow\frac{1}{2}[\delta(f+f_0)+\delta(f-f_0)]$$

解： 方法 1

输出

$$u_{BD} = \frac{1}{4}u_0K\varepsilon$$

$$= 2\sin10000t(10\cos10t+8\cos100t)$$

$$= 10\sin10010t+10\sin9990t+8\sin10100t+8\sin9900t$$

幅频谱如图 6-3 所示。

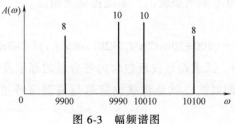

图 6-3 幅频谱图

方法 2

$$U_{BD}(f) = \frac{1}{4} \times 2 \times 4 \times \frac{j}{2} \left[\delta\left(f + \frac{10000}{2\pi}\right) - \delta\left(f - \frac{10000}{2\pi}\right) \right] * \frac{1}{2} \left[10\delta\left(f + \frac{10}{2\pi}\right) + 10\delta\left(f - \frac{10}{2\pi}\right) + 8\delta\left(f + \frac{100}{2\pi}\right) + 8\delta\left(f - \frac{100}{2\pi}\right) \right]$$

$$U_{BD}(f) = \frac{j}{2} \left[\delta\left(f + \frac{10000}{2\pi}\right) - \delta\left(f - \frac{10000}{2\pi}\right) \right] * \left[10\delta\left(f + \frac{10}{2\pi}\right) + 10\delta\left(f - \frac{10}{2\pi}\right) + 8\delta\left(f + \frac{100}{2\pi}\right) + 8\delta\left(f - \frac{100}{2\pi}\right) \right]$$

$$= j \left[5\delta\left(f + \frac{10010}{2\pi}\right) + 5\delta\left(f + \frac{9990}{2\pi}\right) + 4\delta\left(f + \frac{10100}{2\pi}\right) + 4\delta\left(f + \frac{9900}{2\pi}\right) - \right.$$

$$\left. 5\delta\left(f - \frac{10010}{2\pi}\right) - 5\delta\left(f - \frac{9990}{2\pi}\right) - 4\delta\left(f - \frac{10100}{2\pi}\right) - 4\delta\left(f - \frac{9900}{2\pi}\right) \right]$$

$$|U_{BD}(f)| = 5\delta\left(f + \frac{10010}{2\pi}\right) + 5\delta\left(f + \frac{9990}{2\pi}\right) + 4\delta\left(f + \frac{10100}{2\pi}\right) + 4\delta\left(f + \frac{9900}{2\pi}\right) +$$

$$5\delta\left(f - \frac{10010}{2\pi}\right) + 5\delta\left(f - \frac{9990}{2\pi}\right)) + 4\delta\left(f - \frac{10100}{2\pi}\right) + 4\delta\left(f - \frac{9900}{2\pi}\right)$$

虚频谱和幅频谱分别如图 6-4a、图 6-4b 所示。

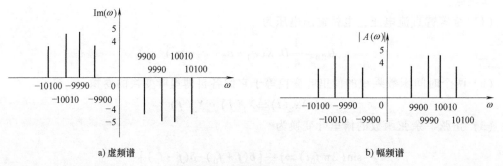

a) 虚频谱   b) 幅频谱

图 6-4 虚频谱和幅频谱

5. 有一 1/3 倍频程滤波器，其中心频率 $f_n = 500\text{Hz}$，建立时间 $T_e = 0.8\text{s}$。求该滤波器的带宽 B，上、下截止频率 f_{c2}、f_{c1}；若中心频率改为 $f'_n = 200\text{Hz}$，求带宽，上、下截止频率和建立时间。

知识点：

（1）恒带宽比滤波器截止频率与中心频率的关系为

$$\left. \begin{array}{c} f_{c1} = 2^{-\frac{n}{2}} f_n \\ f_{c2} = 2^{\frac{n}{2}} f_n \end{array} \right\}$$

（2）滤波器对阶跃响应的建立时间 T_e 和带宽 B （即通频带的宽度）成反比，即 $BT_e =$ 常数。

解：

$$f_{c1} = 2^{-n/2}f_n = 2^{-1/6} \times 500\text{Hz} = 0.891 \times 500\text{Hz} = 445.5\text{Hz}$$

$$f_{c2} = 2^{n/2}f_n = 2^{1/6} \times 500\text{Hz} = 1.122 \times 500\text{Hz} = 561\text{Hz}$$

$$B = f_{c2} - f_{c1} = 561.0 - 445.5\text{Hz} = 115.5\text{Hz}$$

若中心频率改为 $f'_n = 200\text{Hz}$，有

$$B' = B\frac{200}{500} = 115.5 \times 0.4\text{Hz} = 46.2\text{Hz}$$

$$T'_e = T_e B/B' = T_e f_n/f'_n = 0.8 \times 500/200\text{s} = 2\text{s}$$

6. 一个测力传感器的开路输出电压为 95mV，输出阻抗为 500Ω。为了放大信号电压，将其与一个放大器连接，若放大器输入阻抗分别为 4kΩ 和 1MΩ，求输入负载误差。

知识点： 分压网络产生的输出电压为

$$U_o = U_i \frac{R_2}{R_1 + R_2}$$

解： 力传感器可以模拟为一个串联 500Ω 电阻的 95mV 的电压发生器。当它和放大器连接时，如图 6-5 所示，解出电流为

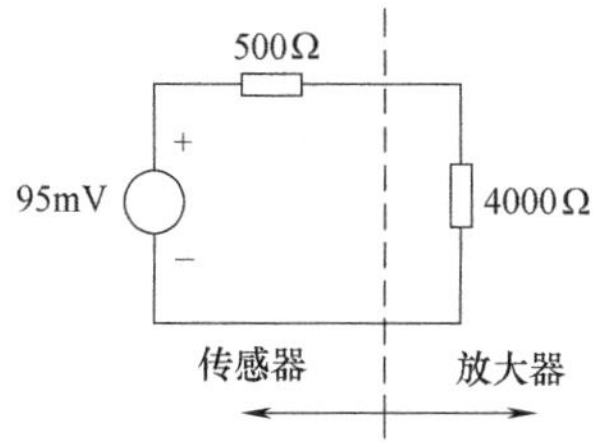

$$I = \frac{U}{R} = \frac{0.095}{500+4000}\text{A} = 0.0211\text{mA}$$

图 6-5 传感器与放大器的连接

放大器输入电阻上的电压

$$U = RI = 4000 \times 0.0211\text{mV} = 84.4\text{mV}$$

因此，负载误差为 -10.6mV 或者是力传感器无负载时输出的 -11%。

同理，用 1MΩ 电阻代替 4kΩ 的电阻，误差变为 -0.05mV 或者是力传感器无负载时输出的 -0.05%。

7. μA741 运放同相放大器的增益为 10，电阻 $R_1 = 10\text{k}\Omega$，计算确定电阻 R_2 的值。μA741 运算放大器的增益带宽积（GBP）为 1MHz，求该放大器的截止频率及输入频率为 10kHz 正弦电压时的相位移动。

知识点：

（1）同相放大器增益为

$$G = 1 + \frac{R_2}{R_1}$$

（2）对于大多数基于运放的运算放大器，低频增益和带宽的乘积为常数。因为带宽的频率下限通常是零，所以高端截止频率为

$$f_c = \frac{\text{GBP}}{G}$$

（3）对于同相放大器，相角随着频率的变化表示为

$$\Phi = -\arctan\frac{f}{f_c}$$

解： 同相放大器的增益为

$$G = 1 + \frac{R_2}{R_1} = 10$$

电阻 $R_1 = 10\text{k}\Omega$，可计算出 R_2 为 $90\text{k}\Omega$。

由于 μA741 运算同相放大器的增益带宽积（GBP）为 1MHz，所以截止频率为

$$f_c = \frac{\text{GBP}}{G} = \frac{10^6}{10}\text{Hz} = 100\text{kHz}$$

频率为 10kHz 时的相位移动为

$$\Phi = -\arctan\frac{10^4}{10^5} = -5.7°$$

这意味着输出和输入之间相角差为 5.7°，即约为周期的 1.6%。

8. 测力传感器的输入力为 100N 时，开路输出电压为 90mV，输出阻抗为 500Ω。为了放大信号电压，将其连接一个增益为 10 的反相放大器。

(1) 若放大器输入阻抗为 4kΩ，求放大器输入负载误差。这时，测量系统的灵敏度是多少？

(2) 放大器的增益带宽积（GBP）为 1MHz，求输入频率为 10kHz 的正弦电压时的截止频率和输入与输出之间的相位差。

知识点：

(1) 分压网络产生的输出电压为

$$U_o = U_i \frac{R_2}{R_1 + R_2}$$

(2) 对于大多数基于运放的运算放大器，低频增益和带宽的乘积为常数。因为带宽的频率下限是零，所以高端截止频率为

$$f_c = \frac{\text{GBP}}{G}$$

(3) 同相放大器，相角随着频率的变化表示为

$$\Phi = -\arctan\frac{f}{f_c}$$

解：

(1) 力传感器可以模拟为一个串联 500Ω 电阻的 90mV 的电压发生器。当它和放大器连接时，如图 6.5 所示。解出电流为

$$I = \frac{U}{R} = \frac{0.09}{500 + 4000}\text{A} = 2 \times 10^{-5}\text{A} = 0.02\text{mA}$$

放大器输入电阻上的电压为

$$U = RI = 4000 \times 0.02 \times 10^{-3}\text{V} = 80 \times 10^{-3}\text{ V} = 80\text{mV}$$

负载误差为

$$80\text{mV} - 90\text{mV} = -10\text{mV}$$

灵敏度为

$$K = (80 \times 10/100)\text{mV/N} = 8\text{mV/N}$$

(2) 参见题 7。

9. 单边指数函数 $x(t) = Ae^{-\alpha t}$ $(\alpha > 0$, $t \geqslant 0)$ 与余弦振荡信号 $y(t) = \cos 2\pi f_0 t$ 的乘积为 $z(t) = x(t)y(t)$。在信号调制中，$x(t)$ 称为调制信号，$y(t)$ 称为载波，$z(t)$ 便是调幅信号。且 f_0 值足够大，满足当 $|f| > f_0$ 时，$X(f) = 0$。若把 $z(t)$ 再与 $y(t)$ 相乘，就得到解调信号 $w(t) = x(t)y(t)z(t)$。

（1）求调幅信号 $z(t)$ 的傅里叶变换，并画出调幅信号及其幅频谱图。

（2）求解调信号 $w(t)$ 的傅里叶变换，并画出解调信号及其幅频谱图。

知识点：

（1）两个时间函数乘积的傅里叶变换等于它们各自傅里叶变换的卷积。

$$x_1(t)x_2(t) \Leftrightarrow X_1(f) * X_2(f)$$

（2）正弦和余弦函数的傅里叶变换分别为

$$\sin(2\pi f_0 t) \Leftrightarrow j\frac{1}{2}[\delta(f + f_0) - \delta(f - f_0)]$$

$$\cos(2\pi f_0 t) \Leftrightarrow \frac{1}{2}[\delta(f + f_0) + \delta(f - f_0)]$$

解：

（1）求调制信号的频谱

$$X(f) = \int_{-\infty}^{+\infty} x(t)e^{-j2\pi ft}dt = A\int_0^{+\infty} e^{-at}e^{-j2\pi ft}dt$$

$$= A\int_0^{+\infty} e^{-(a+j2\pi f)t}dt = -\frac{A}{a + j2\pi f}e^{-(a+j2\pi f)t}\Big|_0^{+\infty}$$

$$= \frac{A}{a + j2\pi f} = A\frac{a - j2\pi f}{a^2 + (2\pi f)^2}$$

$$|X(f)| = \frac{A}{\sqrt{a^2 + (2\pi f)^2}}$$

余弦振荡信号 $y(t) = \cos 2\pi f_0 t$ 的频谱为

$$Y(f) = \frac{1}{2}[\delta(f + f_0) + \delta(f - f_0)]$$

利用 δ 函数的卷积特性，可求出调幅信号 $z(t) = x(t)y(t)$ 的频谱，即

$$|Z(f)| = |X(f)| * Y(f) = |X(f)| * \frac{1}{2}[\delta(f + f_0) + \delta(f - f_0)]$$

$$= \frac{A}{2}\left(\frac{1}{\sqrt{a^2 + [2\pi(f + f_0)]^2}} + \frac{1}{\sqrt{a^2 + [2\pi(f - f_0)]^2}}\right)$$

图 6-6 a、图 6-6b 分别为信号 $x(t)$ 及其幅频谱的曲线图；图 6-6c、图 6-6d 分别为信号 $y(t)$ 及其幅频谱的曲线图；图 6-6e、图 6-6f 分别为调幅信号 $z(t)$ 及其幅频谱的曲线图。

（2）利用 δ 函数的卷积特性，求解调信号 $w(t) = x(t)y(t)y(t)$ 的频谱。且 f_0 值足够大，满足当 $|f| > f_0$ 时，$X(f) = 0$

$$|W(f)| = |Z(f)| * Y(f) = |Z(f)| * \frac{1}{2}[\delta(f + f_0) + \delta(f - f_0)]$$

$$= \frac{A}{4} \left(\frac{1}{\sqrt{a^2 + [2\pi(f + 2f_0)]^2}} + \frac{1}{\sqrt{a^2 + [2\pi(f - 2f_0)]^2}} + \frac{2}{\sqrt{a^2 + (2\pi f)^2}} \right)$$

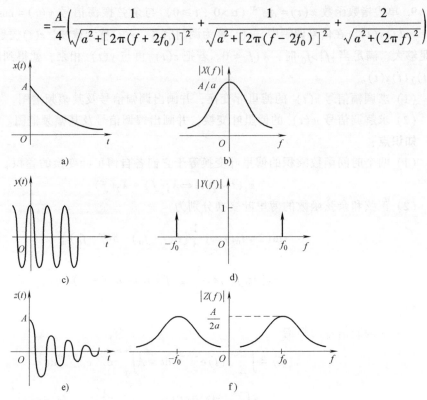

图 6-6　各信号时域及其幅频谱图

信号 $w(t)$ 及其幅频谱如图 6-7a、图 6-7b 所示。

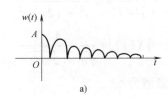

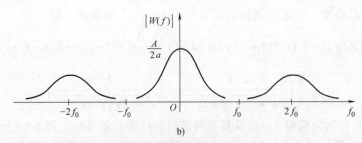

图 6-7　解调信号及其幅频谱

10. 交流应变电桥的输出电压是一个调幅波。设供桥电压为 $U_0 = \sin 2\pi f_0 t$，阻抗变化量为 $\Delta R(t) = R_0 \cos 2\pi f t$，单臂工作，其中 $f_0 \gg f$，R_0 是桥臂电阻，且 R_0 为常数。试求电桥输出电压。

知识点：全桥输出电压（只有电阻值变化）为

$$U_{BD} = \frac{1}{4}U_0\left(\frac{\Delta R_1}{R_1} - \frac{\Delta R_2}{R_2} + \frac{\Delta R_3}{R_3} - \frac{\Delta R_4}{R_4}\right)$$

解：单臂工作，输出电压为

$$e_y(t) = \frac{1}{4}U_0\frac{\Delta R(t)}{R_0} = \frac{1}{4}\sin(2\pi f_0 t)\cdot\cos2\pi ft$$

$$= \frac{1}{8}\left[\sin2\pi(f_0+f)t + \sin2\pi(f_0-f)t\right]$$

11. 一个信号具有从 100～500Hz 范围的频率成分，若对此信号进行调幅，试求调幅波的带宽。若载波频率为 10kHz，在调幅波中将出现哪些频率成分？

知识点：幅值调制（调幅波）就是将载波信号与调制信号相乘。

解：参见题 10，调幅波带宽为 1000Hz。调幅波频率成分为 10100～10500Hz 以及 9500～9900Hz。

12. 图 6-8 所示的磁电指示机构和内阻的信号源相连，其转角 θ 和信号源电压 U_i 的关系可用二阶微分方程来描述，即

$$I\frac{d^2\theta}{dt^2} + \frac{(nAB)^2}{R_i+R_c}\frac{d\theta}{dt} + k\theta = \frac{nAB}{R_i+R_c}U_i$$

设其中动圈部件的转动惯量 $I = 2.5\times10^{-5}$ kg·m^2，弹簧刚度 $k = 10^{-3}$ N·m/rad，线圈匝数 $n = 100$，线圈横截面积 $A = 10^{-4}$m^2，线圈内阻 R_c 为 75Ω，磁通密度 B 为 150Wb/m^2（1Wb/m^2=1T）和信号内阻 R_i 为 125Ω。

（1）试求该系统的静态灵敏度。

（2）为了得到 0.7 的阻尼比，必须把多大的电阻附加在电路中？改进后系统的静态灵敏度为多少？

知识点：二阶系统传递函数为

$$H(s) = \frac{Y(s)}{F(s)} = \frac{1}{ms^2+cs+k} = \frac{A_0}{\frac{s^2}{\omega_n^2} + 2\zeta\frac{s}{\omega_n}+1}$$

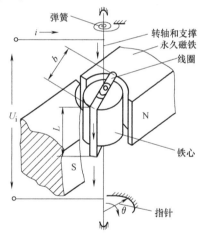

图 6-8 磁电指示机构

式中，$A_0 = \frac{1}{k}$ 为系统的静态灵敏度；$\omega_n = \sqrt{\frac{k}{m}}$ 为系统的

固有圆频率，也称为无阻尼固有圆频率；$\zeta = \frac{c}{2\sqrt{mk}}$ 为系统的阻尼比。

解：

（1）信号在静态时，有

$$\frac{d^2\theta}{dt^2} = \frac{d\theta}{dt} = 0$$

因此，信号的静态灵敏度为

$$S = \frac{nAB}{k(R_i+R_c)} = \frac{100\times10^{-4}\times150}{10^{-3}(125+75)}\text{ rad/V} = 7.5\text{rad/V}$$

（2）阻尼比为

$$\zeta = \frac{(nAB)^2}{2\sqrt{kI}(R_i + R_c)} = \frac{(100\times10^{-4}\times150)^2}{2\sqrt{10^{-3}\times2.5\times10^{-5}}(125+75)}$$

$$= 35.6$$

改进后

$$\zeta' = \zeta(R_i + R_c)/R = 35.6(125+75)/R = 0.7$$

于是，有

$$R \approx 10200\Omega$$

所以，附加电阻为

$$R_0 = R - (R_i + R_c)$$

$$= [10200-(125+75)]\Omega = 10\times10^3\Omega = 10k\Omega$$

改进后的静态灵敏度为

$$S' = S(R_i + R_c)/R$$

$$= [7.5(125+75)/10200]\text{rad/V} = 0.147\text{rad/V}$$

13. 实验中用以供给加热器的公称电压为 120V。为记录该电压，必须采用分压器使之衰减，衰减器的电压衰减系数为 15。电阻 R_1 和 R_2 之和为 1000Ω，如图 6-9 所示。

（1）求 R_1、R_2 和理想电压输出。（忽略负载效应）

（2）若电源阻抗 R_s 为 1Ω，求真实输出电压 U_o 和在 U_o 上导致的负载误差。

（3）若分压器输出端连接一输入阻抗为 5000Ω 的记录仪，输出电压（记录仪输入电压）和负载误差各为多少？

知识点：分压网络产生的输出电压为

$$U_o = U_i \frac{R_2}{R_1 + R_2}$$

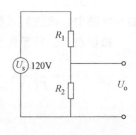

图 6-9　分压器电路

解：

（1）理想电压输出为 120V/15 = 8V。

$$\frac{U_o}{U_s} = \frac{1}{15} = \frac{R_2}{R_1 + R_2} = \frac{R_2}{1000\Omega}$$

$$R_2 = 66.7\Omega$$

$$R_1 = (1000 - 66.7)\Omega = 933.3\Omega$$

（2）在全电路中，包括电源阻抗，如图 6-10a 所示。解得环电路的电流为

$$I = \frac{U_s}{\sum R} = \frac{120}{1+933.3+66.7}\text{A} = 0.1199\text{A}$$

于是，输出电压为

$$U_o = IR_o = 0.1199\times66.7\text{V} = 7.997\text{V}$$

则误差为 0.003 V 或 0.04%。

（3）若分压器输出端连接输入阻抗为 5000Ω 的记录仪。电路如图 6-10b 所示。R_2 和 R_i 为并联电阻，并联后阻值为 65.8Ω。解该环电路，可得

$$I = \frac{U_s}{\sum R} = \frac{120}{1+933.3+65.8}A = 0.12A$$

$$U_o = IR = 0.12 \times 65.8V \approx 7.9V$$

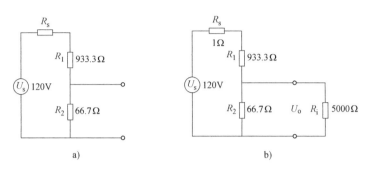

图 6-10　输出端不连接和连接负载的电路

于是，负载误差为 0.1V 或 1.3%。

注：负载的问题主要是记录仪输入阻抗过小。为此，可以在校准过程中通过微量调整 R_2 来消除负载误差。或在分压器和记录仪之间安装高输入阻抗并且增益恒定的放大器，诸如同相放大器，来解决负载问题。也可以通过减少 R_1+R_2 之和来缩小负载误差，但这会增加在电阻上的功率损耗，其值约为 14W。

14. 如图 6-11 所示，压差变送器对应于 0 ~ 10kPa 的压差，产生 4 ~ 20mA 的电流，变送器的等效阻抗 $r = 100k\Omega$。变送器通过两条电缆连接到记录器，电缆的电阻 $R_{C1} = R_{C2} = R_C = 250\Omega$。记录器的阻抗为 $R_L = 250\Omega$，对应于 1 ~ 5V 的输入，产生 0 ~ 10kPa 的读数。试计算，输入 5kPa 时，系统由负载产生的测量误差。

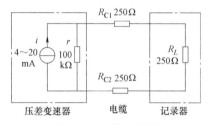

图 6-11　压差变送器

知识点：仪器负载效应及电路中串并联电阻、电压、电流的计算。

解：当输入压差为 5 kPa 时，有

$$i = \left(4 + 5 \times \frac{20-4}{10}\right)mA = 12mA$$

变送器在电缆和记录器两端的总负载电压为

$$u_T = i \frac{r(R_L + 2R_C)}{r + R_L + 2R_C}$$

记录器两端的电压为

$$u_L = u_T \frac{R_L}{R_L + 2R_C} = i \frac{R_L r}{r + R_L + 2R_C}$$

$$= 12 \times 10^{-3} \times \frac{250 \times 100000}{100000 + 250 + 2 \times 250}V$$

$$= 2.9777V$$

对应的读数为

$$p = (2.9777 - 1)\frac{10}{4}\text{kPa} = 4.944\text{kPa}$$

若忽略电缆电阻、压差变送器内阻，记录器两端电压为

$$u_{L0} = 12 \times 10^{-3} \times 250\text{V} = 3\text{V}$$

对应的读数为

$$p_0 = (3-1)\frac{10}{4}\text{kPa} = 5\text{kPa}$$

于是，负载误差为

$$\delta_L = (p - p_0)/10 = (4.944 - 5)/10 = -0.0056 = -0.56\%$$

15. 某低通滤波器的幅频特性如图 6-12a 所示，其相频特性为 0。若输入如图 6-12b 所示的方波信号，求滤波器的稳态输出信号。

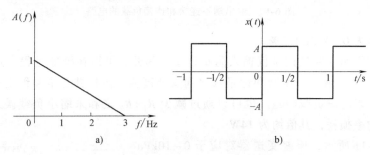

图 6-12　低通滤波器的幅频和方波信号图

知识点：

（1）周期信号的傅里叶三角级数展开

$$x(t) = a_0 + \sum_{n=1}^{\infty}(a_n\cos n\omega_0 t + b_n\sin n\omega_0 t)$$

其中，常值分量

$$a_0 = \frac{1}{T_0}\int_{-T_0/2}^{T_0/2} x(t)\,\mathrm{d}t$$

余弦分量的幅值

$$a_n = \frac{2}{T_0}\int_{-T_0/2}^{T_0/2} x(t)\cos n\omega_0 t\mathrm{d}t$$

正弦分量的幅值

$$b_n = \frac{2}{T_0}\int_{-T_0/2}^{T_0/2} x(t)\sin n\omega_0 t\mathrm{d}t$$

（2）测试系统频响函数是输入信号傅里叶变换与输出信号的傅里叶变换之比，即

$$H(f) = \frac{Y(f)}{X(f)}$$

解： 由图 6-12b 可知，输入方波信号 $x(t)$ 的周期为 $T_0 = 1\text{s}$，方波的频率为 1Hz；方波的基频为 1Hz，$\omega_0 = 2\pi f_0 = 2\pi$。其一个周期内函数表达式为

$$x(t) = \begin{cases} A & 0 \leqslant t < T_0/2 \\ -A & -T_0/2 \leqslant t < 0 \end{cases}$$

进行三角函数傅里叶级数展开，$x(t)$ 是奇函数，所以有

$$a_0 = 0 \quad a_n = 0$$

$$b_n = \frac{2}{T_0} \int_{-T_0/2}^{T_0/2} x(t) \sin n\omega_0 t \mathrm{d}t = \frac{4}{T_0} \int_0^{T_0/2} A \sin n\omega_0 t \mathrm{d}t$$

$$= -\frac{4A}{T_0} \frac{\cos n\omega_0 t}{n\omega_0} \bigg|_0^{T_0/2}$$

$$= -\frac{2A}{\pi n}(\cos \pi n - 1)$$

$$= \begin{cases} \dfrac{4A}{\pi n} & n = 1,3,5,\cdots \\ 0 & n = 2,4,6,\cdots \end{cases}$$

于是，有

$$x(t) = \frac{4A}{\pi}\left(\sin \omega_0 t + \frac{1}{3}\sin 3\omega_0 t + \frac{1}{5}\sin 5\omega_0 t + \cdots\right)$$

$$\phi_n = \arctan\left(\frac{a_n}{b_n}\right) = \arctan\left(\frac{0}{b_n}\right) = 0$$

由图 6-12a 可知滤波器输入信号频率为 1Hz 时，幅值衰减为原幅值的 2/3，当输入信号频率 $f \geqslant 3$Hz 时，幅值衰减为 0。

滤波器的稳态输出信号为方波信号，方波的基频为 $f_0 = 1$Hz，三次谐波频率 $3f_0 = 3$Hz。方波信号经过该滤波器后，其稳态输出 $y(t)$ 只包含基波分量，且基波幅值衰减为原来的 2/3。

$$y(t) = \frac{2}{3} \times \frac{4A}{\pi} \sin \omega_0 t = \frac{8A}{3\pi} \sin \omega_0 t = \frac{8A}{3\pi} \sin 2\pi t$$

16. 一压强测量传感器需对上至 3Hz 的振动做出响应，但其中混有 60Hz 的噪声。现指定一台一阶低通巴特沃斯滤波器来减少 60Hz 的噪声。用该滤波器，噪声的幅值能衰减多少？

知识点：恒带宽比滤波器中心频率关系为 $f_{n2} = 2^n f_{n1}$

解：可由下式求得 3~60Hz 之间的倍频程数为

$$3 \times 2^x = 60$$

解得 $x = 4.3$ 倍频程。因每倍频程衰减 6dB，总衰减为 $4.3 \times 6 = 25.9$dB。估计实际电压降公式为

$$-25.9 = 20 \lg \frac{U_o}{U_i}$$

解得 $U_o/U_i = 0.051$，这就是说噪声电压被衰减到原值的 5.1%。若衰减不足，则有必要采用更高阶滤波器。

注：使用该滤波器，因 3Hz 为截止频率，3Hz 的信号将被衰减 3dB。

17. 已知滤波器的传递函数为 $H(s) = \dfrac{2K\zeta\omega_0 s}{s^2 + 2\zeta\omega_0 s + \omega_0^2}$，试求其幅频特性 $|H(j\omega)|$ 和相频特性 $\phi(\omega)$，并说明它是哪一种频率性质的滤波器？

知识点：

（1）在系统传递函数 $H(s)$ 已知的情况下，令 $H(s)$ 中 s 的实部为零，即 $s = j\omega$ 便可以求得频率响应函数 $H(j\omega)$。

（2）滤波器按选频特性可分为四种类型：低通、高通、带通和带阻滤波器。

解：

$$H(j\omega) = \frac{2K\zeta\omega_0(j\omega)}{(j\omega)^2 + 2\zeta\omega_0(j\omega) + \omega_0^2}$$

$$= \frac{K}{1 + j\frac{1}{2\zeta}\left(\frac{\omega}{\omega_0} - \frac{\omega_0}{\omega}\right)}$$

于是，有

$$|H(j\omega)| = \frac{K}{\sqrt{1 + \left[\frac{1}{2\zeta}\left(\frac{\omega}{\omega_0} - \frac{\omega_0}{\omega}\right)\right]^2}}$$

$$\varphi(\omega) = -\arctan\frac{1}{2\zeta}\left(\frac{\omega}{\omega_0} - \frac{\omega_0}{\omega}\right)$$

因为当 $\omega \to 0$ 或 $\omega \to +\infty$，$H(j\omega) \to 0$，所以它是带通滤波器。

18. 图 6-13a 所示为一个可变磁阻式力传感器，当外力 F 为零时，衔铁位于中心线 AB。已知弹簧的总刚度 $k = 10^3 \text{N/m}$，弹簧和衔铁的有效质量 $m = 25 \times 10^{-3}\text{kg}$，阻尼比 $\zeta = 0.7$。传感器线圈 W_1 和 W_2 被接入图 6-13b 所示的电桥（其中 $R_1 = R_2$）。每个线圈的电感是 $20/(1 + 2d)$，单位为 mH（d 的单位为 mm），其中 d 是铁心与衔铁的距离，初始距离为 2mm（图中省略了衔铁的宽度）。电桥电源的频率 $f_0 = 1000\text{Hz}$，幅值为 1V。

（1）要求幅值误差小于 1%，试通过计算说明该传感器可否用于测量含有 0~10Hz 频率成分的力信号。

（2）当 $F = 1.0\text{N}$ 和 $F = -1.0\text{N}$ 时，电桥输出电压的表达式是什么？

（3）如何解调电桥的输出电压，得到力信号？

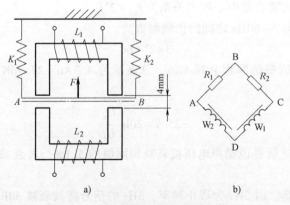

图 6-13　可变磁阻式力传感器和电桥

知识点：

（1）二阶系统的输出-输入微分方程为

$$m\frac{\mathrm{d}y^2(t)}{\mathrm{d}t^2}+c\frac{\mathrm{d}y(t)}{\mathrm{d}t}+ky(t)=x(t)$$

其频率响应函数为

$$H(\mathrm{j}\omega)=\frac{A_0}{\left[1-\left(\dfrac{\omega}{\omega_n}\right)^2\right]+\mathrm{j}2\zeta\dfrac{\omega}{\omega_n}}$$

式中，$A_0=\dfrac{1}{k}$ 为系统的静态灵敏度；$\omega_n=\sqrt{\dfrac{k}{m}}$ 为系统的固有圆频率，也称为无阻尼固有圆频率；$\zeta=\dfrac{c}{2\sqrt{mk}}$ 为系统的阻尼比。

（2）交流电桥输出电压为

$$U_{BD}=U_0\frac{\vec{Z_3}\Delta\vec{Z_1}-\vec{Z_4}\Delta\vec{Z_2}+\vec{Z_1}\Delta\vec{Z_3}-\vec{Z_2}\Delta\vec{Z_4}}{(\vec{Z_1}+\vec{Z_2})(\vec{Z_3}+\vec{Z_4})}$$

解：

（1）传感器的固有频率为

$$f=\frac{1}{2\pi}\sqrt{\frac{k}{m}}=\frac{1}{2\times3.142}\sqrt{\frac{10^3}{25\times10^{-3}}}\ \mathrm{Hz}=31.83\mathrm{Hz}$$

当信号频率为上限即 10Hz，频率比为

$$\eta=10/31.83=0.3142$$

传感器输出与输入的幅值比为

$$\frac{A(\omega)}{A(0)}=\frac{1}{\sqrt{(1-\eta^2)^2+(2\zeta\eta)^2}}=\frac{1}{\sqrt{(1-0.3142^2)^2+(2\times0.7\times0.3142)^2}}\approx0.997$$

可见，动态测量误差小于 0.3%，传感器可用。

（2）当 $F=1.0\mathrm{N}$，衔铁的位移

$$x=F/k=(1/10^3)\ \mathrm{m}=10^{-3}\mathrm{m}=1\mathrm{mm}<2\mathrm{mm}$$

在测量范围之内，线圈电感分别为

$$L_1=\frac{20}{1+2\times(2-1)}\mathrm{mH}=\frac{20}{3}\mathrm{mH}\quad L_2=\frac{20}{1+2\times(2+1)}\mathrm{mH}=\frac{20}{7}\mathrm{mH}$$

电桥的输出电压为

$$u_{BD}=\frac{R_1\mathrm{j}\omega L_1-R_2\mathrm{j}\omega L_2}{(R_1+R_2)(\mathrm{j}\omega L_1+\mathrm{j}\omega L_2)}u_0=\frac{L_1-L_2}{2(L_1+L_2)}u_0$$

电桥电源的频率 $f_0=1000\mathrm{Hz}$，幅值为 1V，$u_0=\sin2000\pi t$，于是有

$$u_{BD}=\frac{\dfrac{20}{3}-\dfrac{20}{7}}{2\left(\dfrac{20}{3}+\dfrac{20}{7}\right)}u_0=0.2\sin2000\pi t\mathrm{V}$$

当 $F=-1.0\mathrm{N}$，线圈电感分别为 $L_1=\dfrac{20}{7}\mathrm{mH}$ 和 $L_2=\dfrac{20}{3}\mathrm{mH}$。

同理，有

$$u_{BD} = -0.2\sin2000\pi t\,V$$

（3）使电桥的输出电压通过相敏检波器，然后通过低通滤波器，于是，可以恢复力信号的波形。

6.6　判断单选填空题答案

6.6.1　判断题答案

1. 对；2. 对；3. 错；4. 对；5. 错；6. 错；7. 对；8. 错；9. 对

6.6.2　单选题答案

1. A；2. B；3. B；4. D；5. D；6. B；7. D；8. C；9. C

6.6.3　填空题答案

1. $\vec{Z}_1\vec{Z}_3 = \vec{Z}_2\vec{Z}_4$

2. 乘积

3. 250

4. 越大

5. 增益带宽积，串联

6. 高

7. 低

8. 截止频率

第7章

计算机数据采集与分析系统

7.1 判断题

1. 模拟信号变换成数字信号（A/D）需要经过三个步骤：采样保持、量化和编码。（　　）

2. 由于在时域上不恰当地选择采样的时间间隔而引起高低频之间彼此混淆的现象称为叠混。（　　）

3. 计算机进行信号采样发生叠混后，改变了原来频谱的部分幅值，可以通过滤波器准确地从离散的采样信号 $x(t)g(t)$ 中恢复原来的时域信号 $x(t)$。（　　）

4. 在设备状态监测过程中，如果只对某一个频带感兴趣，那么可以用低通滤波器或带通滤波器滤掉其他频率成分，这样可以避免叠混并减少信号中其他成分的干扰。（　　）

5. 设 q 为量化单位，则截尾处理的最大量化误差为 $\pm q/2$，舍入处理的最大量化误差为 q。（　　）

6. 对比舍入误差和截尾误差的均值，截尾误差的均值不为零，即存在直流分量，这样将影响信号的频谱结构，因此一般采用舍入处理。（　　）

7. 由于时域上的截断，而在频域上出现附加频率分量的现象称为叠混。（　　）

8. 对时域函数 $x(t)$ 加窗函数 $w(t)$ 后，其频域函数为 $X(f) * W(f)$，如果 $X(f)$ 是一个慢变的谱，则 $X(f) * W(f)$ 的主瓣等于常数。（　　）

9. 窗函数的最大旁瓣峰值越大，由旁瓣引起的谱失真越小。（　　）

10. 在实际的信号处理中，常用"单边窗函数"。若把开始测量的时刻作为 $t=0$，截断长度为 τ，则 $0 \leqslant t < \tau$，相当于对双边窗函数做时移。根据傅里叶变换的性质，时移对应着频域做相移而其幅频谱不变。因此单边窗函数截断所产生的泄漏误差与双边窗函数相同。（　　）

7.2 单选题

1. 信号中最高频率 f_c 为 1000Hz，在下列选项中，采样频率 f_s 至少应为（　　）Hz。

    （A）2560　　　　（B）1000　　　　（C）2100　　　　（D）2000

2. 若矩形窗函数为 $w(t) = \begin{cases} 1 & |t| \leqslant \tau/2 \\ 0 & |t| > \tau/2 \end{cases}$，其傅里叶变换为（　　）。

(A) $\tau \dfrac{\sin \pi f \tau}{\pi f \tau}$ (B) $\dfrac{\sin \pi f \tau}{\pi f \tau}$ (C) $\dfrac{1}{\tau}\dfrac{\sin \pi f \tau}{\pi f \tau}$ (D) $\tau \sin \pi f \tau$

3. 关于虚拟仪器，以下描述中不够准确的是（　　）。

  （A）具有开放性和灵活性，可与计算机技术同步发展

  （B）仪器的功能可由用户自定义

  （C）以硬件为基础

  （D）与网络和周边设备连接方便

4. 将汉宁窗函数与矩形窗函数做比较，不正确的描述是（　　）。

  （A）汉宁窗的频率窗可以看作三个矩形窗频谱之和

  （B）汉宁窗的主瓣较窄

  （C）汉宁窗的旁瓣衰减较快

  （D）汉宁窗的旁瓣较低

5. 进行频域采样时，为了减少栅栏效应，采取（　　）的措施是不正确的。

  （A）减小采样的间隔，即提高频率分辨率

  （B）在满足采样定理的条件下，采用频率细化技术

  （C）对于周期信号，使分析的时间长度为信号周期的整数倍

  （D）减少采样的点数，使间隔增大

6. 为了防止叠混，需要配备抗混滤波器，抗混滤波器可以是一种（　　）。

  （A）数字低通滤波器

  （B）模拟高通滤波器

  （C）模拟低通滤波器

  （D）模拟和数字滤波器均可

7.3　填空题

1. （　　）是在模数转换过程中，对时域上每个间隔采样分层取值的过程。

2. 若采样频率过低，不满足采样定理，则采样后的信号会发生（　　）现象。

3. 在 A/D 转换中，若模拟信号的频率上限为 f_c，则采样频率 f_s 应大于（　　）。

4. 由于时域的截断而在频域出现附加频率分量的现象称为（　　）。

5. 在数字处理时，经常用窗函数把长时间的信号序列截断，这会产生泄漏现象，为了尽量减少泄漏，应选择主瓣（　　）、旁瓣（　　）的窗函数。

6. 设时间窗函数为 $w(t)$，无论是对于汉宁窗、哈明窗还是矩形窗，都有 $w(0)=$（　　）。

7.4　简答题

1. 频率叠混是怎样产生的，有什么解决办法？

答：频率叠混是由于在时域上不恰当地选择采样的时间间隔而引起频域上高低频之间彼此混淆。

为了避免频率叠混，应在 A/D 转换器之前的信号预处理环节设置抗混滤波器，同时应

使采样频率 f_s 大于带限信号的最高频率 f_c 的 2 倍。

2. 什么是窗函数？窗函数的频域指标是什么？它们能说明什么问题？

答：窗函数是在模数转换过程中（或数据处理过程中）对时域信号取样时的截断函数。

描述窗函数的频域指标如图 7-1 所示，主要有 $-3dB$ 带宽 B，B 小则主瓣窄，频率分辨力高；最大旁瓣峰值 A，旁瓣谱峰渐进衰减速度 D，A 越小和 D 越大，由旁瓣引起的谱失真越小。

3. 什么是泄漏？为什么会产生泄漏？如何减少泄漏？

答：由于时域上的截断，而在频域上出现附加的频率分量的现象称为泄漏。

由于窗函数的频谱是一个无限带宽的函数，即使是带限信号，在截断后也必然成为无限带宽的信号，所以会产生泄漏现象。

为了减少泄漏，应该尽可能寻找频域中接近单位脉冲函数的窗函数，即主瓣窄，旁瓣小的窗函数。

4. 什么是栅栏效应？如何减少栅栏效应的影响？

答：对一函数实行采样，实质就是"摘取"采样点上对应的函数值。其效果有如透过栅栏的缝隙观看外景一样，只有落在缝隙前的少量景象被看到，其余景象都被栅栏挡住，称这种现象为栅栏效应。

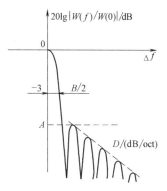

图 7-1　窗函数的频域指标

时域采样时满足采样定理要求，栅栏效应不会有什么影响。频率采样时，提高频率分辨力，即减小频率采样间隔可以减小栅栏效应。或者采用频率细化技术。对于周期信号，特定 f_0，减小频率采样间隔 Δf，不一定会使谱线落在 f_0 上，谱线落在 f_0 上的条件是 $f_0/\Delta f$ 为整数。

5. 在计算机数据采集、数字化处理的过程中主要存在哪些问题？如何避免这些问题？

答：

（1）量化引起量化误差，通过增加 A/D 转换器的位数可以减小量化误差。

（2）采样引起叠混，对于带限信号，遵守采样定理可避免叠混。

（3）加窗引起泄漏，应根据实际情况尽量选择主瓣窄且旁瓣小的窗函数。

7.5　计算与应用题

1. 已知被测量的最高频率成分的频率是 100 Hz，要求量化信噪比大于 70 dB。应如何选择 A/D 转换器的采样速度和位数？

知识点：

（1）采样定理：为了避免叠混，以便采样后仍能准确地恢复原信号，采样频率 f_s 必须大于信号最高频率 f_c 的两倍，即 $f_s > 2f_c$。在实际工作中，一般采样频率应选为被处理信号中最高频率的 2.56 倍。

（2）量化信噪比与 A/D 转换器位数 n 关系近似为

$$\text{SNR} \approx 6n - 1.24\text{dB}$$

解：采样频率

$$f_s = 100 \times 2.56\text{Hz} = 256\text{Hz}$$

因为　　　　　　　　　　$$\text{SNR} = 70\text{dB} \approx 6n - 1.24\text{dB}$$

所以　　　　　　　　　　$$n = (70 + 1.24)/6 \approx 12$$

因此，取 12 位 A/D 转换器，设采样频率为 256Hz。

2. 对四个正弦信号 $x_1(t) = \sin 2\pi t$、$x_2(t) = \sin 4\pi t$、$x_3(t) = \sin 6\pi t$、$x_4(t) = \sin 10\pi t$ 进行采样，采样频率为 $f_s = 4\text{Hz}$，采样时间为 $[0, +\infty)$，求采样输出序列，比较这些采样序列，说明叠混现象。

知识点：

(1) 采样是在模数转换过程中，以一定时间间隔对连续时间信号进行取值的过程。经时域采样后，各采样点的信号幅值为 $x(nT_s)$，其中 T_s 为采样间隔。

(2) 由于在时域上不恰当地选择采样的时间间隔而引起高低频之间彼此混淆的现象称为叠混。

解： 因为采样频率为 4Hz，所以采样周期为 1/4s。采样序列

$$x_1(n) = \sum_{n=0}^{+\infty} x_1(t)\delta(t - n/4) = \sum_{n=0}^{+\infty} \sin(2\pi t)\delta(t - n/4) = \sum_{n=0}^{+\infty} \sin\frac{\pi n}{2}$$

$$x_2(n) = \sum_{n=0}^{+\infty} x_2(t)\delta(t - n/4) = \sum_{n=0}^{+\infty} \sin(4\pi t)\delta(t - n/4) = \sum_{n=0}^{+\infty} \sin\pi n$$

$$x_3(n) = \sum_{n=0}^{+\infty} x_3(t)\delta(t - n/4) = \sum_{n=0}^{+\infty} \sin(6\pi t)\delta(t - n/4) = \sum_{n=0}^{+\infty} \sin\frac{3\pi n}{2}$$

$$x_4(n) = \sum_{n=0}^{+\infty} x_4(t)\delta(t - n/4) = \sum_{n=0}^{+\infty} \sin(10\pi t)\delta(t - n/4) = \sum_{n=0}^{+\infty} \sin\frac{5\pi n}{2}$$

由计算结果及采样脉冲图形（见图 7-2）可以看出，虽然四个信号频率不同，但采样后输出的脉冲序列却是相同的，产生了频率叠混，这个脉冲序列反映不出后三个信号的频率特征。原因是 $x_2(t)$、$x_3(t)$ 和 $x_4(t)$ 的频率分别为 2Hz、3Hz 和 5Hz，采样频率应分别大于其 2 倍频率，即分别大于 4Hz、6Hz 和 10Hz。

3. 利用矩形窗函数求积分 $\int_{-\infty}^{+\infty} \text{sin}c^2(t)\text{d}t$ 的值。

知识点：

(1) 矩形窗函数的傅里叶变换为

$$W_R(f) = T\text{sin}c(\pi f T)$$

(2) 帕斯瓦尔定理：在时域中，信号的总能量等于在频域中信号的总能量，即

$$\int_{-\infty}^{+\infty} x^2(t)\text{d}t = \int_{-\infty}^{+\infty} |X(f)|^2\text{d}f$$

解： 设矩形窗函数为

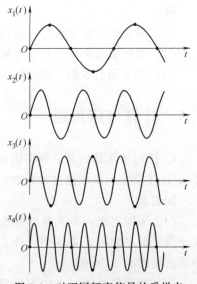

图 7-2　对不同频率信号的采样点

$$x(t) = \begin{cases} 1 & |t| \leqslant T/2 \\ 0 & |t| > T/2 \end{cases} \tag{7-1}$$

傅里叶变换，有

$$X(\omega) = \int_{-\infty}^{+\infty} x(t) e^{-j\omega t} dt = 2 \int_{0}^{T/2} \cos\omega t dt$$

$$= T \frac{\sin\left(\dfrac{\omega T}{2}\right)}{\dfrac{\omega T}{2}} = T \operatorname{sinc}\left(\dfrac{\omega T}{2}\right) \tag{7-2}$$

能量公式为

$$\int_{-\infty}^{+\infty} x^2(t) dt = \frac{1}{2\pi} \int_{-\infty}^{+\infty} |X(\omega)|^2 d\omega \tag{7-3}$$

将式（7-1）和式（7-2）代入式（7-3），有

$$\int_{-T/2}^{T/2} x^2(t) dt = \frac{1}{2\pi} \int_{-\infty}^{+\infty} T^2 \operatorname{sinc}^2\left(\frac{\omega T}{2}\right) d\omega$$

$$= \frac{1}{2\pi} \int_{-\infty}^{+\infty} T^2 \operatorname{sinc}^2(\lambda) d\left(\frac{2}{T}\lambda\right)$$

$$= \frac{T}{\pi} \int_{-\infty}^{+\infty} \operatorname{sinc}^2(\lambda) d\lambda$$

于是，有

$$\int_{-\infty}^{+\infty} \operatorname{sinc}^2(\lambda) d\lambda = \pi$$

即

$$\int_{-\infty}^{+\infty} \operatorname{sinc}^2(t) dt = \pi$$

4. 试计算矩形窗函数的下列参数。

（1）$-3\mathrm{dB}$ 带宽 $B(\Delta f)$。

（2）最大旁瓣峰值 A。

知识点：

（1）$-3\mathrm{dB}$ 带宽是窗函数主瓣归一化幅值 $20\lg\left|\dfrac{W(f)}{W(0)}\right|$ 下降到 $-3\mathrm{dB}$ 时的带宽。

（2）矩形窗函数幅频谱当 $f = 1.5/\tau$ 时（τ 为窗宽），有最大旁瓣峰值。

解：

（1）由矩形窗函数 $-3\mathrm{dB}$ 带宽的定义

$$20\lg\left|\frac{\tau \operatorname{sinc}(\pi f_c \tau)}{\tau \operatorname{sinc}(0)}\right| = -3$$

有

$$\frac{\sin\pi f_c \tau}{\pi f_c \tau} = 0.7079$$

令 $x = \pi f_c \tau$，有

$$x - \frac{x^3}{3!} + \frac{x^5}{5!} \approx 0.7079x$$

整理，有

$$x^4 - 20x^2 + 35.05 = 0$$

$$x^2 = \frac{20 \pm \sqrt{400 - 140.2}}{2} = \begin{cases} 18.06 \\ 1.940 \end{cases}$$

因为是-3dB 带宽，所以取 $x^2 = 1.940$，即

$$x = 1.393$$

因为

$$f_c = \frac{x}{\pi\tau} \quad \Delta f \frac{1}{\tau}$$

所以

$$B = \frac{2f}{\frac{1}{\tau}} = \frac{2x}{\pi} = \frac{2 \times 1.393}{3.142} = 0.887$$

（2）对于 $20\lg\left|\dfrac{\tau\mathrm{sinc}(\pi f\tau)}{\tau\mathrm{sinc}(0)}\right|$，当 $\pi f\tau = 1.5\pi$ 时，有最大旁瓣峰值。

于是

$$A = 20\lg\left|\frac{\sin(1.5\pi)}{1.5\pi}\right|\mathrm{dB} = -13.5\mathrm{dB}$$

5. 根据 8253 定时/计数器输入的时钟频率和采样频率可以确定计数器的计数值，即A/D采样周期=计数值/时钟频率，若时钟频率为 1.6384MHz，被测信号频率为 20kHz，应向计数器控制口写入何值（十六进制和二进制）？

解：写入计数值

$$C = 时钟频率/采样频率 = 1.6384 \times 1000/20 = 82$$

因为

$$82/16 = 5\cdots\cdots2$$

所以，十六进制写入值为 52，二进制写入值为 01010010。

6. 某 8 位 A/D 转换器输入电压范围是±5V，输入信号电压为-3.215V。试把该信号电压分别转换成原码、补码、反码和偏移码。

知识点：反码是尾数按位取反。补码是最低位加一。偏移码是符号位反向。

解：3.215V 对应的量化单位数：

$$x = 2^7 \times 3.215/5 = 82q$$
$$= 16 \times 5 + 2$$

写成二进制数

$$x = 52\mathrm{H} = 01010010$$

-3.215V 的原码

$$[x]_0 = 11010010$$

尾数按位取反，得反码

$$[x]_{c1} = 10101101$$

最低位加一，得补码

$$[x]_{c2} = 10101110$$

符号位反向，得偏移码

$$[x]_{ob} = 00101110$$

7.6 判断单选填空题答案

7.6.1 判断题答案

1. 对；2. 对；3. 错；4. 对；5. 错；6. 对；7. 错；8. 错；9. 错；10 对

7.6.2 单选题答案

1. C；2. A；3. C；4. B；5. D；6. C

7.6.3 填空题答案

1. 量化
2. 叠混
3. $2f_c$
4. 泄漏
5. 窄，低
6. 1

下　篇

常用机械工程参数的测量

第8章

力和扭矩的测量

8.1 判断题

1. 电阻应变计的灵敏系数用 K 来表示，是反映电阻应变计的电阻变化与被测试件应变关系的一个重要参数。虽然影响 K 值的因素都很复杂，但通常用理论准确计算后确定。（　　）

2. 一般丝式电阻应变计的价格低、制造容易，但横向效应大，在精度要求不高时可以选用。短接式、箔式电阻应变计具有横向效应小、参数分散性小、精度高等优点，且箔式电阻应变计制造工艺已很成熟，因此箔式电阻应变计已广泛应用。（　　）

3. 采用电阻应变计进行 150℃ 以上的高温测量时，多采用金属、胶基、玻璃纤维布等作为基底。（　　）

4. 动态电阻应变仪主要由电桥、放大器、振荡器、相敏检波器、滤波器和电源组成。（　　）

5. 在平面应力状态下，若主应力方向未知，要想测取任意点的主应力大小和方向，在该点粘贴两个相互间有一定角度的电阻应变计即可。（　　）

6. 压电式测力传感器的特点是体积小，动态响应快，适宜静、动态力的测量。（　　）

7. 差动变压器式测力传感器的特点是工作温度范围较宽。为了减小横向力或偏心力的影响，传感器的高径比应尽量小。（　　）

8. 扭矩测量采用间接校准方法时，要求粘贴的电阻应变计性能、贴片工艺、组桥方法、电阻应变仪的通道（一般电阻应变仪的通道数都在四通道以上）以及其他测量仪器的通道、连接导线的长短均应与实测轴的条件完全一样。（　　）

8.2 单选题

1. 关于轮辐式弹性元件，下列叙述中有误的是（　　）。
   （A）轮辐式弹性元件对加载方式不敏感，抗偏载性能好
   （B）轮辐式弹性元件侧向稳定，是剪切受力的弹性元件
   （C）在各轮辐上下表面分别安装应变计
   （D）应变计分别安装各轮辐的侧面
2. 在工程结构上粘贴应变计时，（　　）的做法是不适当的。

（A）贴片前用细砂纸交叉打磨试件，用 4H 铅笔画线，用丙酮擦净表面

（B）粘贴后用兆欧表测量绝缘电阻

（C）接线后采用硅胶作应变计的防护

（D）在常温下使用酚醛树脂粘结剂

3. 在复杂受力情况下的单向应力测量中，如果试件材料的泊松比为 0.3，利用电桥的加减特性或桥臂电阻的串、并联，最大可以使拉（压）力测量的读数增加到实际应变的（ ）倍。

（A）2 　　　（B）1.3 　　　（C）2.6 　　　（D）4

4. 在复杂受力情况下的单向应力测量中，如果试件材料的泊松比为 0.3，利用电桥的加减特性或桥臂电阻的串、并联，最大可以使弯矩测量的读数增加到实际应变的（ ）倍。

（A）2 　　　（B）1.3 　　　（C）2.6 　　　（D）4

8.3 填空题

1. 在平面应力状态下测量主应力，当主应力方向完全未知时，可以使用三角形（ ）。

2. 测量转轴扭矩时，应变计应安装在与轴中心线成（ ）的方向上。

3. 在转轴扭矩测量中，（ ）集电装置结构简单，使用方便，但是许用的线速度较低。

8.4 简答题

1. 简述常温固化箔式应变计安装步骤，并说出使用的工具和材料。

答：

（1）检查和分选应变计。用放大镜做应变计的外观检查，用欧姆表和电桥测量和分选应变计。

（2）试件的表面处理。用砂纸打磨试件表面，用铅笔和直尺画线，用镊子夹持无水酒精或丙酮等试剂的棉球清洁表面。

（3）贴片。用 502 胶或环氧树脂型粘结剂，用小镊子拨正，上玻璃纸等不被粘结的薄膜后，挤压出多余的胶水和气泡。基本固化后，去掉薄膜。

（4）检查。用放大镜做粘贴质量的外观检查，用兆欧表检查敏感栅与试件的绝缘电阻。

（5）接线。用绝缘套管保护引线，通过接线端子连接导线。焊接器材有电烙铁、焊锡、松香等。

（6）检查。用欧姆表检查电桥各桥臂的阻值。

（7）防护。用硅橡胶等防护剂防护，用胶带和布带包扎，并在导线上做标记。

2. 以单臂工作为例，说明在进行电阻应变测量时，消除温度影响的原理和条件？

答：把工作应变计和补偿应变计接在相邻桥臂，利用电桥的加减特性消除温度影响。

条件是被测件与粘贴补偿应变计的温度补偿板的材料相同，工作应变计和补偿应变计的规格型号相同，工作应变计和补偿应变计处于相同温度环境。

3. 列出 3 种转轴扭矩的测量方法，试述采用应变原理测量转轴扭矩的原理及方法。

答：转轴扭矩测量方法包括：

测量转轴的应变，例如用应变式测量扭矩。测量转轴两横截面的相对扭转角，例如用磁电感应式、光电传感器测量扭矩。测量轴材料磁导率的变化，例如采用压磁式传感器测量扭矩。

应变式扭矩测量方法如下：

沿与轴线±45°方向粘贴应变计，应变计的布置及组桥方式应考虑灵敏度、温度补偿及抵消拉、压及弯曲等非测量因素干扰的要求，如图 8-1 所示。

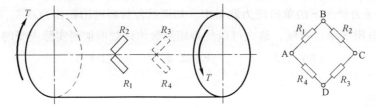

图 8-1 扭矩测量的布片和组桥

若沿与轴线±45°方向轴的应变值为 ε_{45}，则扭矩为

$$T = \tau W_n = \frac{E\varepsilon_{45}}{1+\mu} W_n$$

式中，E 为材料的弹性模量；μ 为材料的泊松比；W_n 为材料的抗扭模量。

测量前应做扭矩标定。若应变仪输出应变为 $\varepsilon_仪$，则

$$\varepsilon_{45} = \varepsilon_仪 / 4$$

对于实心圆轴，有

$$W_n = \frac{\pi D^3}{16} \approx 0.2 D^3$$

图 8-1 中电桥的输出可经拉线式或电刷式集电装置连接到电阻应变仪。

8.5 计算与应用题

1. 一等强度梁的上、下表面贴有若干参数相同的应变计，如图 8-2 所示。梁材料的泊松比为 μ，在力 F 的作用下，梁的轴向应变为 ε，用静态应变仪测量时，如何组桥方能实现下列读数？

(1) ε；   (2) $(1+\mu)\varepsilon$；   (3) 4ε；   (4) $2(1+\mu)\varepsilon$；   (5) 0；   (6) 2ε。

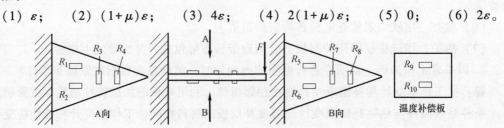

图 8-2 等强度梁的布片和组桥

知识点：

（1）在弯矩 M 的作用下，其最大正应力在梁的上下表面，其值 $\sigma_{max} = M/W$，W 为抗弯截面模量。

（2）当接桥方式为全等臂全桥时，电桥输出电压为

$$U_{BD} = \frac{U_0}{4}\left(\frac{\Delta R_1}{R_1} - \frac{\Delta R_2}{R_2} + \frac{\Delta R_3}{R_3} - \frac{\Delta R_4}{R_4}\right)$$

$$= \frac{U_0}{4}K(\varepsilon_1 - \varepsilon_2 + \varepsilon_3 - \varepsilon_4)$$

解： 本题有多种组桥方式，如图 8-3 所示。

2. 如图 8-4 所示，在一受拉弯综合作用的构件上贴有四个电阻应变计。试分析各应变计感受的应变，将其值填写在应变表中，并分析如何组桥才能进行下述测试：

（1）只测弯矩，消除拉应力的影响。

（2）只测拉力，消除弯矩的影响。

（1）与（2）的电桥输出及弯矩、拉力各为多少？（W_M 为抗弯截面模量，E 为材料弹性模量，A 为截面积）

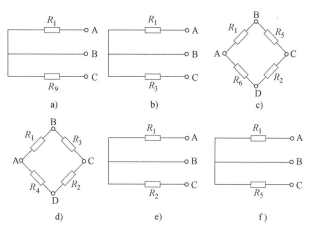

图 8-3 可用的组桥方式

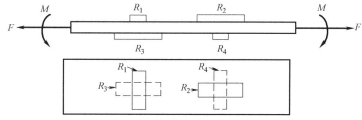

图 8-4 受拉弯综合作用的构件

知识点：

（1）在单向拉（压）力作用下，与力垂直方向和力方向同向的应力比值为 $-\mu$（材料的泊松比）。

（2）在弯矩 M 的作用下，其最大正应力在梁的上下表面。

解：

（1）组桥如图 8-5a 所示。设构件上表面因弯矩产生的应变为 ε，材料的泊松比为 μ，供桥电压为 u_0，应变计的灵敏度系数为 K。各应变计感受的弯应变见表 8-1。

表 8-1 各应变计感受的弯应变

R_1	R_2	R_3	R_4
$-\mu\varepsilon$	ε	$-\varepsilon$	$\mu\varepsilon$

可得输出电压

$$u_y = \frac{1}{4}u_0 K[\varepsilon - (-\varepsilon) + \mu\varepsilon - (-\mu\varepsilon)] = \frac{1}{4}u_0 K[2(1+\mu)\varepsilon]$$

其输出应变值为 $\varepsilon_{仪} = 2(1+\mu)\varepsilon$。

弯矩

$$M = W_M E \frac{\varepsilon_{仪}}{2(1+\mu)}$$

式中，W_M 为抗弯截面模量；E 为材料弹性模量。

（2）组桥如图 8-5b 所示。设构件上表面因拉力产生的应变为 ε，其余变量同（1）的设定。各应变计感受的拉应变见表 8-2。

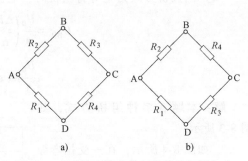

图 8-5　对受拉弯综合作用构件的组桥方式

表 8-2　各应变计感受的拉应变

R_1	R_2	R_3	R_4
$-\mu\varepsilon$	ε	ε	$-\mu\varepsilon$

可得输出电压

$$u_y = \frac{1}{4}u_0 K[\varepsilon - (-\mu\varepsilon) + \varepsilon - (-\mu\varepsilon)] = \frac{1}{4}u_0 K[2(1+\mu)\varepsilon]$$

输出应变值为 $\qquad \varepsilon_{仪} = 2(1+\mu)\varepsilon$

拉力

$$F = AE \frac{\varepsilon_{仪}}{2(1+\mu)}$$

式中，A 为构件的横截面积；E 为材料的弹性模量。

3. 用 YD-15 型动态应变仪测量钢柱的动应力，测量系统如图 8-6 所示，若 $R_1 = R_2 = 120\Omega$，圆柱轴向应变为 $220\mu\varepsilon$，材料的泊松比 $\mu = 0.3$，应变仪外接负载为 $R_{fz} = 16\Omega$，试选择应变仪衰减档，并计算其输出电流大小。（YD-15 型动态应变仪的参数见表 8-3 和表 8-4。）

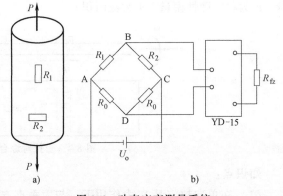

图 8-6　动态应变测量系统

表 8-3　YD-15 应变仪衰减档位

衰减档位置	衰减档总电阻/Ω	衰减档用电阻/Ω	信号衰减比（%）	量程/$\mu\varepsilon$
1	600	600	100	±100
3	600	200	33	±300
10	600	60	10	±1000
30	600	20	3.3	±3000
100	600	6	1	±10000

表 8-4　YD-15 应变仪输出及灵敏度

匹配电阻/Ω	输出灵敏度/（mA/με）	满量程输出/mA
12,2	0.25	±25
16	0.093	±9.3
20	0.025	±2.5
50	0.01	±1
1000	10（mV/με）	±1（V）

知识点：

（1）单向拉（压）力作用下，与力垂直方向和力方向同向的应力比值为-μ（泊松比）。

（2）根据预测计算的测量值选择衰减档，保证测量值在仪器合适的量程内。

解： 电桥输出应变为

$$\varepsilon_{仪}=(1+\mu)\varepsilon=(1+0.3)\times220\mu\varepsilon=286\mu\varepsilon$$

由表 8-3 选衰减档 3。

由表 8-4 可知 16Ω 负载时的灵敏度为 0.093mA/με，于是，输出电流的幅值

$$I=(286\times0.093/3)\text{mA}=8.87\text{mA}$$

4. 用三轴 45°应变花测得受力构件一点的应变值为 $\varepsilon_0=-267\mu\varepsilon$，$\varepsilon_{45}=-570\mu\varepsilon$，$\varepsilon_{90}=79\mu\varepsilon$，已知材料的弹性模量 $E=1.96\times10^5\text{MPa}$，泊松比 $\mu=0.3$，试计算主应力大小和方向。

知识点： 对于三轴 45°应变花，令 $\alpha_a=\alpha$、$\alpha_b=\alpha+45°$、$\alpha_c=\alpha+90°$，主应变的大小和方向为

$$\left.\begin{aligned}\varepsilon_{1,2}&=\frac{1}{2}(\varepsilon_a+\varepsilon_c)\pm\frac{\sqrt{2}}{2}\sqrt{(\varepsilon_a-\varepsilon_b)^2+(\varepsilon_b-\varepsilon_c)^2}\\\alpha&=\frac{1}{2}\arctan\frac{2\varepsilon_b-\varepsilon_a-\varepsilon_c}{\varepsilon_a-\varepsilon_c}\end{aligned}\right\}$$

主应力的大小为

$$\sigma_1=\frac{E}{1-\mu^2}(\varepsilon_1+\mu\varepsilon_2)\quad\sigma_2=\frac{E}{1-\mu^2}(\varepsilon_2+\mu\varepsilon_1)$$

解：

$$\varepsilon_{1,2}=\frac{1}{2}(\varepsilon_0+\varepsilon_{90})\pm\frac{\sqrt{2}}{2}\sqrt{(\varepsilon_0-\varepsilon_{45})^2+(\varepsilon_{45}-\varepsilon_{90})^2}$$

$$=\left[\frac{1}{2}(-267+79)\pm\frac{\sqrt{2}}{2}\sqrt{(-267+570)^2+(-570-79)^2}\right]\mu\varepsilon$$

$$=412\mu\varepsilon,-600\mu\varepsilon$$

$$\sigma_1=\frac{E}{1-\mu^2}(\varepsilon_1+\mu\varepsilon_2)=\frac{1.96\times10^5}{1-0.3^2}(412-0.3\times600)\times10^{-6}\text{MPa}$$

$$=50.0\text{MPa}$$

$$\sigma_2=\frac{E}{1-\mu^2}(\varepsilon_2+\mu\varepsilon_1)=\frac{1.96\times10^5}{1-0.3^2}(-600+0.3\times412)\times10^{-6}\text{MPa}$$

$$=-102.6\text{MPa}$$

它们与零度应变计的夹角分别为

$$\alpha = \frac{1}{2}\arctan\frac{2\varepsilon_{45}-\varepsilon_0-\varepsilon_{90}}{\varepsilon_0-\varepsilon_{90}} = \frac{1}{2}\arctan\frac{-2\times570+267-79}{-267-79}$$

$$= \frac{1}{2}\arctan\frac{-952}{-346} = 125°, \quad 35°$$

分子分母均为负值，因此取第三象限角，最大主应力 σ_1 与零度应变计的夹角为 $\alpha = 125°$。

5. 用三角形应变花测得受力构件某点的应变值为 $\varepsilon_0 = 400\mu\varepsilon$，$\varepsilon_{60} = -250\mu\varepsilon$，$\varepsilon_{120} = -300\mu\varepsilon$，已知材料的弹性模量 $E = 1.9613\times10^5\text{MPa}$，泊松比 $\mu = 0.3$，试计算主应力大小和方向。

知识点： 对于三角形应变花

$$\varepsilon_{1,2} = \frac{1}{3}(\varepsilon_0+\varepsilon_{60}+\varepsilon_{120}) \pm \frac{\sqrt{2}}{3}\sqrt{(\varepsilon_0-\varepsilon_{60})^2+(\varepsilon_{60}-\varepsilon_{120})^2+(\varepsilon_{120}-\varepsilon_0)^2}$$

$$\sigma_1 = \frac{E}{1-\mu^2}(\varepsilon_1+\mu\varepsilon_2)$$

$$\sigma_2 = \frac{E}{1-\mu^2}(\varepsilon_2+\mu\varepsilon_1)$$

$$\alpha = \frac{1}{2}\arctan\frac{\sqrt{3}(\varepsilon_{60}-\varepsilon_{120})}{2\varepsilon_0-\varepsilon_{60}-\varepsilon_{120}}$$

解：

$$\varepsilon_{1,2} = \frac{1}{3}(\varepsilon_0+\varepsilon_{60}+\varepsilon_{120}) \pm \frac{\sqrt{2}}{3}\sqrt{(\varepsilon_0-\varepsilon_{60})^2+(\varepsilon_{60}-\varepsilon_{120})^2+(\varepsilon_{120}-\varepsilon_0)^2}$$

$$= \left[\frac{1}{3}(400-250-300) \pm \frac{\sqrt{2}}{3}\sqrt{(400+250)^2+(-250+300)^2+(-300-400)^2}\right]\mu\varepsilon$$

$$= 400\mu\varepsilon, \quad -500\mu\varepsilon$$

$$\sigma_1 = \frac{E}{1-\mu^2}(\varepsilon_1+\mu\varepsilon_2) = \frac{1.96\times10^5}{1-0.3^2}(400-0.3\times500)\times10^{-6}\text{MPa}$$

$$= 53.8\text{MPa}$$

$$\sigma_2 = \frac{E}{1-\mu^2}(\varepsilon_2+\mu\varepsilon_1) = \frac{1.96\times10^5}{1-0.3^2}(-500+0.3\times400)\times10^{-6}\text{MPa}$$

$$= -81.9\text{MPa}$$

它们与零度应变计的夹角可能为

$$\alpha = \frac{1}{2}\arctan\frac{\sqrt{3}(\varepsilon_{60}-\varepsilon_{120})}{2\varepsilon_0-\varepsilon_{60}-\varepsilon_{120}} = \frac{1}{2}\arctan\frac{\sqrt{3}(-250+300)}{2\times400+250+300}$$

$$= \frac{1}{2}\arctan\frac{86.6}{1350} = 1.8°, \quad 91.8°$$

分子分母均为正值，因此取第一象限角，最大主应力 σ_1 与零度应变计的夹角为 $\alpha = 1.8°$。

6. 应变电桥如图 8-7 所示，其中 R_1、R_2 为应变计（$R_1 = R_2 = R_0 = R = 120\Omega$，灵敏度系数 $K = 2$）。若分别并联电阻 $R_a = 200k\Omega$，$R_b = 60k\Omega$，$R_c = 20k\Omega$，各相当于多少应变值的输出？

知识点：

（1）直流电压桥输出电压为

$$U_{BD} = \frac{1}{4}U_0\left(\frac{\Delta R_1}{R_1} - \frac{\Delta R_2}{R_2} + \frac{\Delta R_3}{R_3} - \frac{\Delta R_4}{R_4}\right)$$

（2）应变计阻值的变化率与应变的关系为 $\Delta R/R = K\varepsilon$，其中 K 为灵敏度系数。

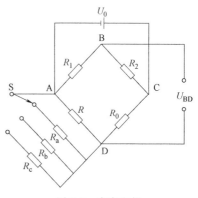

图 8-7　应变电桥

解：

$$\Delta R = \frac{RR_a}{R+R_a} - R = -\frac{R^2}{R+R_a}$$

$$\varepsilon_a = \frac{-\Delta R}{KR} = \frac{R}{K(R+R_a)} = \frac{120}{2(120+R_a)} = \frac{1}{2+R_a/60}$$

$$= \frac{1}{2+200000/60} = 300\times10^{-6} = 300\mu\varepsilon$$

同理

$$\varepsilon_b = \frac{1}{2+60000/60} = 998\times10^{-6} = 998\mu\varepsilon$$

$$\varepsilon_c = \frac{1}{2+20000/60} = 2982\times10^{-6} = 2982\mu\varepsilon$$

7. 在一特性常数 $A = 5\mu\varepsilon/\text{N}$ 的等强度梁上安装应变计，如图 8-8 所示，若悬臂端加载 $P = 20\text{N}$，泊松比 $\mu = 0.25$，试根据图 8-9（R_0 为仪器的精密电阻）中的组桥方式，填写静态应变测量时的仪器读数（$\mu\varepsilon$）。

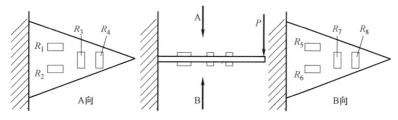

图 8-8　等强度梁上的布片方式

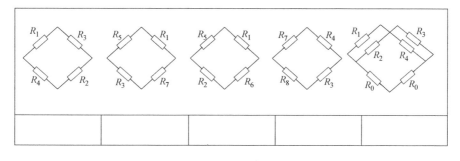

图 8-9　等强度梁上应变仪的组桥方式

知识点：材料在弯矩的作用下，其最大正应力在梁的上下表面；在单向拉（压）力作用下，横向应变与纵向应变的比值为$-\mu$（μ称为泊松比）。

解：应变测量读数如图8-10所示。

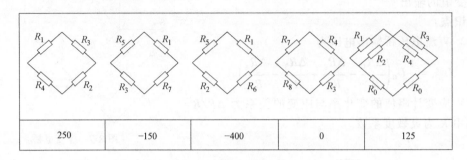

250	−150	−400	0	125

图8-10　等强度梁上应变计的组桥方式静态应变测量仪器读数（$\mu\varepsilon$）

8. 用应变计测量一个小轴的扭矩，测量系统框图如图8-11所示。试在图8-12中表示如

图8-11　扭矩测量系统框图

何布片和组桥，要求电桥的灵敏度最高并消除附加弯曲和拉、压载荷的影响。已知小轴直径$D=25\text{mm}$，弹性模量$E=2\times10^5\text{MPa}$，泊松比$\mu=0.25$；应变仪灵敏度$K=10\text{mV}/\mu\varepsilon$，满量程输出为$\pm1\text{V}$，衰减档位置见表8-3；由

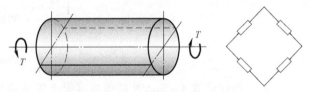

图8-12　被测小轴及测量电桥

A/D和PC构成虚拟仪器，设定其满量程输出为$\pm1000\mu\varepsilon$。（抗弯截面模量为$W_z=0.1D^3$，抗扭截面模量为$W_n=0.2D^3$。应变仪的特性参数见表8-3和表8-4。）

当小轴加载扭矩为$T=50\text{N}\cdot\text{m}$时，应选那个应变仪衰减档的位置，虚拟仪器的显示值是多少？

知识点：

（1）扭矩测量时与轴线成$\pm45°$方向粘贴电阻应变计，有

$$\varepsilon_{45}=\frac{(1+\mu)\sigma_1}{E}=-\frac{(1+\mu)\sigma_2}{E}$$

（2）作用在转轴上的扭矩T为

$$T=W_n\tau_{\max}=W_n\mid\sigma_1\mid=W_n\frac{E\varepsilon_{45}}{1+\mu}$$

实心轴上的扭矩T为

$$T=0.2D^3\frac{E\varepsilon_{45}}{1+\mu}$$

解：布片和组桥方式如图8-1所示。轴的扭矩为

$$T = 0.2D^3 \frac{E\varepsilon_{45}}{1+\mu}$$

$$\varepsilon_{45} = \frac{T(1+\mu)}{0.2D^3E} = \frac{50 \times (1+0.25)}{0.2 \times (25 \times 10^{-3})^3 \times 2 \times 10^5 \times 10^6}$$

$$= 100 \times 10^{-6} = 100\mu\varepsilon$$

$$\varepsilon_{仪} = 4\varepsilon_{45} = 4 \times 100\mu\varepsilon = 400\mu\varepsilon$$

$$U_{仪} = K\varepsilon_{仪} = 10 \times 400\text{mV} = 4000\text{mV}$$

选衰减档位置 10，输出电压为

$$U_o = 4000/10\text{mV} = 400\text{mV}$$

显示应变为

$$\varepsilon_o = U_o \frac{1000\mu\varepsilon}{1000\text{mV}} = 400\mu\varepsilon$$

9. 用应变计测量一模拟小轴的扭矩，测量系统框图如图 8-13 所示，电桥电源电压为 15V，应变计灵敏度系数 K 为 2.0。试在图 8-12 中表示如何布片和组桥，要求电桥的灵敏度最高，并消除附加弯曲和拉、压载荷的影响。已知小轴直径 $D = 30\text{mm}$，弹性模量 $E = 2 \times 10^5\text{MPa}$，泊松比 $\mu = 0.28$；应变放大器有 1、10、100、1000 共 4 个增益档，其电压放大倍数分别为 1、10、100、1000，满量程输出为 ± 5 V；由 A/D 和 PC 构成虚拟仪器，A/D 输入范围为 ± 5 V，虚拟仪器对应的显示值是 $\pm 5000\text{mV}$。

当小轴加载扭矩为 $T = 50$ N·m 时，请选择应变放大器增益档，如果把显示值标定为输入扭矩，则校准系数应为多少？

图 8-13　扭矩测量系统框图

知识点：

（1）作用在转轴上的扭矩 T 为

$$T = W_n\tau_{max} = W_n|\sigma_1| = W_n \frac{E\varepsilon_{45}}{1+\mu}$$

实心轴上的扭矩 T 为

$$T = 0.2D^3 \frac{E\varepsilon_{45}}{1+\mu}$$

（2）全桥扭矩测量的最大输出为

$$U_{BD} = U_0K\varepsilon_{45}$$

解： 布片和组桥方式如图 8-1 所示。轴的扭矩为

$$T = 0.2D^3 \frac{E\varepsilon_{45}}{1+\mu}$$

$$\varepsilon_{45} = \frac{T(1+\mu)}{0.2D^3E} = \frac{50 \times (1+0.28)}{0.2 \times (30 \times 10^{-3})^3 \times 2 \times 10^5 \times 10^6} \times 10^6\mu\varepsilon$$

$$= 59.26\mu\varepsilon$$

$$U_{BD} = U_0 K \varepsilon_{45} = 15 \times 10^3 \times 2 \times 59.26 \times 10^{-6} \text{mV} = 1.778 \text{mV}$$

选增益 1000，输出电压为

$$U_0 = 1.778 \text{mV} \times 1000 = 1778 \text{mV}$$

校准系数

$$K = T/U_0 = 50/1778 (\text{N} \cdot \text{m})/\text{mV} = 0.02812 (\text{N} \cdot \text{m})/\text{mV}$$

10. 设计一圆筒形拉（压）力传感器，如何布片组桥才能消除加载偏心的影响，并有最大可能的灵敏度？最大负荷为 $P = 9.8 \text{kN}$ 时，电桥输出的应变值为 $1150 \mu\varepsilon$，若材料的弹性模量 $E = 1.96 \times 10^5 \text{MPa}$，泊松比 $\mu = 0.25$，且设定此传感器弹性元件的内径为 20mm，试确定传感器弹性元件的外径。

知识点：单向拉（压）力作用下，横向应变与纵向应变的比值为 $-\mu$（μ 称为泊松比）。采用对称布片，全桥方式，可消除加载偏心的影响，并有最大可能的灵敏度。

解：布片和组桥方法如图 8-14 所示。试件的实际应变值为

$$\varepsilon = \frac{\varepsilon_仪}{2(1+\mu)} = \frac{1150}{2(1+0.25)} \mu\varepsilon = 460 \mu\varepsilon$$

负荷等式为

$$\frac{\pi}{4}(D^2 - d^2) E\varepsilon = 0.785(D^2 - d^2) E\varepsilon = 9800 \text{N}$$

$$0.785(D^2 - 20^2) \times 10^{-6} \times 1.96 \times 10^5 \times 10^6 \times 460 \times 10^{-6} = 9800 \text{N}$$

于是，有

$$D = 23.2 \text{mm}$$

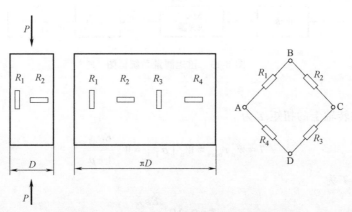

图 8-14 拉（压）力传感器的布片和组桥

11. 减速器速比为 $i = 3.5$，输入轴直径 $d = 50 \text{mm}$，输出轴直径 $D = 80 \text{mm}$，利用应变计按扭矩测量方法测得输入轴应变读数 $\varepsilon_d = 700 \mu\varepsilon$，输出轴应变读数 $\varepsilon_D = 540 \mu\varepsilon$，两轴材料相同，布片接桥相同，求减速机的机械效率。

知识点：

(1) 作用在转轴上的扭矩 T 为

$$T = W_n \tau_{max} = W_n |\sigma_1| = W_n \frac{E\varepsilon_{45}}{1+\mu}$$

实心轴上的扭矩为

$$T = 0.2D^3 \frac{E\varepsilon_{45}}{1+\mu}$$

（2）减速机的机械效率等于输出端功率与输入端功率之比。

解：因为

$$T = 0.2D^3 \frac{E\varepsilon_{45}}{1+\mu}$$

所以，机械效率

$$\eta = \frac{\omega_2 T_2}{\omega_1 T_1} = \frac{n_2 \varepsilon_D D^3}{n_1 \varepsilon_d d^3} = \frac{\varepsilon_D D^3}{i \varepsilon_d d^3} = \frac{540 \times 80^3}{3.5 \times 700 \times 50^3}$$

$$= 0.9$$

12. 如图 8-15 所示，力 P 作用在一个悬臂梁上（该梁的各种参数均为已知），试问如何布片、接桥和计算才能测得 P？

知识点：材料在弯矩的作用下，其最大正应力在梁的上下表面；在单向拉（压）力作用下，横向应变与纵向应变的比值为 $-\mu$（μ 称为泊松比）。

解：把 P 分解成 P_y 和 P_x，并在梁上布片，如图 8-16a 所示。测量 P_y 的组桥方式如图 8-16b 所示，测量 P_x 的组桥方式如图 8-16c 所示。P 的大小为

$$P = \sqrt{P_x^2 + P_y^2}$$

P 与 P_x 之间的夹角

$$\theta = \arctan \frac{P_y}{P_x}$$

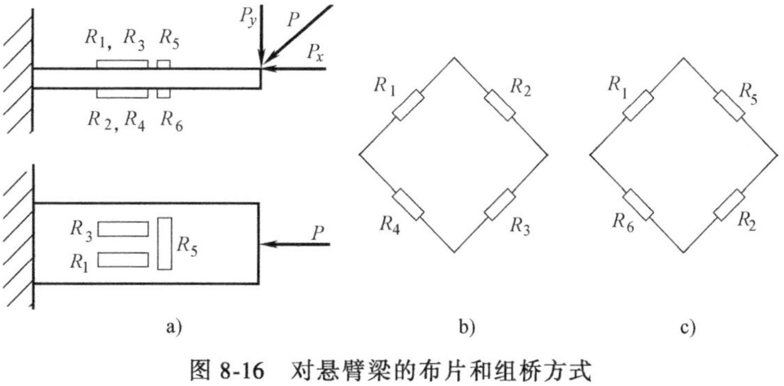

图 8-15　受力的悬臂梁

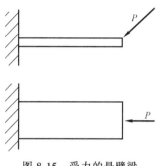

图 8-16　对悬臂梁的布片和组桥方式

13. 矩形横截面的发动机连杆承受拉力 F，其受力示意图如图 8-17 所示。为了测量拉力，如何布片组桥才能消除加载偏心和温度变化的影响，并有最大可能的灵敏度？

已知最大负荷 $N_{max} = 10\text{kN}$，电桥的供桥电压 $U_0 = 12\text{V}$，材料的弹性模量 $E = 2 \times 10^5 \text{MPa}$，泊松比 $\mu = 0.25$，连杆的横截面积 $A = 100\text{mm}^2$，应变计的灵敏度系数 $K = 2$，该电桥的最大输出电压是多少？

现有数据采集器的输入范围为 $\pm 5\text{V}$，拟在测量电桥和数据采集器之间配置直流放大器，试确定放大器的增益。

知识点：材料在弯矩的作用下，其最大正应力在梁的上下表面；在单向拉（压）力作用下，横向应变与纵向应变的比值为$-\mu$（μ称为泊松比）。

解：布片组桥如图8-18所示。

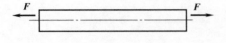

主视图

俯视图

图8-17 矩形横截面发动机连杆的受力示意图

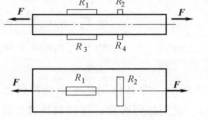

图8-18 对发动机连杆的布片和组桥方式

应变为

$$\varepsilon = \frac{F}{EA} = \frac{10000}{2\times10^{11}\times100\times10^{-6}} = 500\times10^{-6}$$

电桥的输出电压为

$$U_{输出} = \frac{U_0}{4}K\times2(1+\mu)\varepsilon = \frac{12}{4}\times2\times2\times(1+0.25)\times500\times10^{-6}\text{V}$$

$$= 7.5\times10^{-3}\text{V} = 7.5\text{mV}$$

放大器的增益为

$$G = 5/(7.5\times10^{-3}) = 667$$

或

$$G_{dB} = 20\lg667 = 56.5\text{dB}$$

8.6 判断单选填空题答案

8.6.1 判断题答案

1. 错；2. 对；3. 错；4. 对；5. 错；6. 错；7. 对；8. 对

8.6.2 单选题答案

1. C；2. D；3. C；4. D

8.6.3 填空题答案

1. 应变花

2. ±45°

3. 拉线式

第9章

机械振动的测量

9.1 判断题

1. 惯性传感器的质量元件相对于传感器外壳的运动与被测物体相对于基准的运动规律一致，振幅比及相位差值由传感器的固有频率大小而定。（ ）

2. 为了能准确测到低频部分，惯性式位移传感器的固有频率设计得比较低。（ ）

3. 惯性加速度传感器的测量原理是质量元件相对壳体的加速度与被测振动体的加速度成正比。（ ）

4. 动磁式速度传感器与动圈式速度传感器的原理基本相同，其差别在于将运动的线圈改换为运动的磁钢，当壳体随被测振动体振动时，磁钢相对于壳体运动，产生感应电动势，通过引线接入测量回路中。（ ）

5. 电涡流式位移传感器是通过晶体振荡器产生 1MHz 左右的变幅高频信号，经电阻 R 加到传感器上，当 R 随传感器与转轴的间隙变化时，即振动体的位移变化时，其振动信号用 1MHz 高频载波来调制，该调制信号经高频放大、检波等调理后输出。输出电压与振动的位移成正比。（ ）

6. 电压放大器是把压电加速度计的电荷变成电压后，再进行放大，并将压电加速度计的高输出阻抗变成低输出阻抗，以便与主放大器连接。目前，通用的电压放大器的放大倍数甚小，主要起阻抗变换作用，故又称为阻抗变换器。（ ）

7. 电荷放大器受连接电缆长度的影响，低频特性也要受输入电阻的影响，但它的结构简单、价格低廉、性能可靠，因此适用于一般频率范围内的振动测量。（ ）

8. 稳态正弦激振为了测得整个频率范围中的频率响应，必须改变激振力的频率。值得注意的是必须采用足够缓慢的扫描速度，以保证被测对象处于稳态振动之中，对于小阻尼系统，尤其应该注意这一点。（ ）

9. 激振锤的锤头可以用不同硬度的材料制作，如橡胶、塑料（或尼龙）、铝、钢等。材料的硬度越大，敲击的持续时间就越短，则测量的频率范围就越小。（ ）

9.2 单选题

1. 绝对（惯性）式位移传感器作为滤波器来说具有（ ）特性。

（A）低通　　　　（B）高通　　　　（C）带通　　　　（D）带阻

2. 惯性式加速度计的测振频率应（　　）其固有频率。

（A）小于　　　　（B）大于　　　　（C）接近于　　　　（D）不一定

3. 压电晶体传感器与电荷放大器连接后，放大器的输出正比于（　　）。

（A）放大器的放大倍数

（B）放大器的反馈电阻

（C）传感器的等效电容

（D）传感器感生的电荷量

4. 为使信号电缆的长短不影响压电传感器的测量精度，传感器的放大电路应选用（　　）放大器。

（A）电压　　　　（B）电荷　　　　（C）功率　　　　（D）积分

5. 一压电式压强传感器的灵敏度 $S = 50pC/MPa$，与灵敏度为 $0.005V/pC$ 的电荷放大器相连，放大器输出端又与灵敏度为 $20mm/V$ 的示波器相连，当输入压强为 $10MPa$ 时，示波器的读数为（　　）mm。

（A）12.5　　　　（B）25　　　　（C）2　　　　（D）50

6. 用力锤激振时，激振频率取决于（　　）。

（A）锤头的硬度　　（B）锤头的质量　　（C）敲击的速度　　（D）敲击的加速度

7. 下列振动激励方式中，（　　）都是通过信号发生器产生宽带激振信号的。

（A）脉冲，随机

（B）脉冲，快速正弦扫描

（C）快速正弦扫描，随机

（D）阶跃，快速正弦扫描

8. 下列与惯性式位移传感器动态特性有关的表述中，（　　）是正确的。

（A）要求传感器的工作频率远低于固有频率

（B）当工作频率远大于传感器固有频率并且阻尼比为 0.6~0.7 时，不能保证对多频率成分信号的不失真测试

（C）为了准确地测量低频成分，固有频率要设计得很高

（D）当工作频率接近于固有频率，振动的幅值与阻尼比无关

9. 下列关于磁电式速度传感器的表述中，（　　）是不正确的。

（A）相对式传感器的弹簧力要大于线圈—顶杆的惯性力

（B）绝对式传感器的弹簧要软一些，以便扩展被测频率的下限

（C）惯性式传感器的动态特性与压电加速度计相同

（D）这种传感器不需要外接电源

10. 为了尽可能增大测量的频率范围，在下列压电加速度计的安装方式中，选择（　　）的方式。

（A）用钢螺栓固定在试件上

（B）通过磁铁吸合在试件上

（C）用粘结法粘结在试件上

（D）工作频率范围取决于传感器的特性，不受安装方式的影响，以上方法均可

11. 用力锤激振时，锤头的材质为（　　　　）时，激振频率范围较宽。

（A）橡胶　　　　　（B）钢　　　　　（C）尼龙　　　　　（D）铝

9.3 填空题

1. 附加传感器质量将使被测振动系统的固有频率（　　　　　　）。

2. 集中质量、弹簧、阻尼系统构成的惯性式位移传感器的工作频率应（　　　　　　）其固有频率。

3. （　　　　）式拾振器在测振时，被固定或压紧在被测设备上。

4. （　　　　）是一种测振前置放大器，其主要优点是灵敏度受电缆长度影响较小，并且下限频率较低。

5. 用力锤激振时，用铜锤头比用钢锤头激发的频率范围（　　　　　　）。

6. （　　　　）激振器和电液式激振器常用于接触激振场合，（　　　　　　）激振器常用于非接触激振场合。

7. （　　　　）传感器的输出电动势与被测速度成正比。

9.4 简答题

1. 如何校准压电加速度传感器？

答：1）绝对法。将压电加速度传感器固定在振动台上进行激振，用激光干涉仪测量振动台的振幅，再与传感器的输出做比较。使用小型的、已知振级的校准仪，可在给定频率点校准传感器。

2）相对法。与严格校准的传感器（标准传感器即参考传感器）背靠背安装在振动台上，比较两个传感器的输出。

2. 压电式传感器的放大电路有哪些？为什么多采用电荷放大器？

答：电压放大器，电荷放大器。

电荷放大器灵敏度受电缆长度影响较小，下限频率较低。

3. 常用的惯性式测振传感器中，包括位移传感器、速度传感器和加速度传感器，有如题图9-1所示的两种幅频特性曲线和它们的相频特性曲线，试指出以上三种传感器分别对应

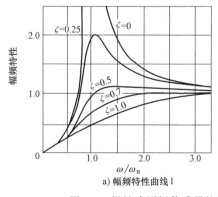

a）幅频特性曲线1

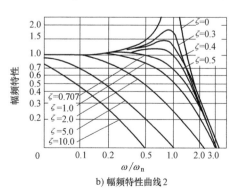

b）幅频特性曲线2

图 9-1　惯性式测振传感器的两种幅频特性曲线和相频特性曲线

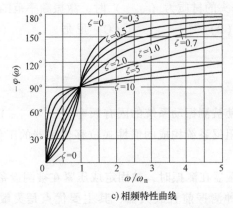

c) 相频特性曲线

图 9-1　惯性式测振传感器的两种幅频特性曲线和相频特性曲线（续）

哪种幅频特性曲线？若已知系统的阻尼比 $\zeta = 0.6 \sim 0.7$，说明以上三种传感器在工作频率范围内能否保证相位测量的准确度和多频率成分波形的不失真。

答：惯性式位移传感器和速度传感器的幅频特性曲线对应图 9-1a。当阻尼比 $\zeta = 0.6 \sim 0.7$，$\omega \gg \omega_n$，由图 9-1c 可知，不能保证相位测量的准确度和多频率成分波形的不失真。

惯性式加速度传感器的幅频特性曲线对应图 9-1b。当阻尼比 $\zeta = 0.6 \sim 0.7$，在 $\omega/\omega_n = 0 \sim 1$ 之间，由图 9-1c 可以保证相位测量的准确度和多频率成分波形的不失真。

9.5　计算与应用题

1. 某车床加工外圆表面时，表面振纹主要由转动轴上齿轮的不平衡惯性力而使主轴箱振动所引起。振动的幅值谱如图 9-2a 所示，主轴箱传动示意图如图 9-2b 所示。传动轴 I、传动轴 II 和主轴 III 上的齿轮齿数分别为 $z_1 = 30$、$z_2 = 40$、$z_3 = 20$、$z_4 = 50$。传动轴转速 $n_1 = 2000 \mathrm{r/min}$。

（1）组建振动测试系统。

（2）试分析哪一轴上的齿轮不平衡对加工表面的振纹影响最大？为什么？

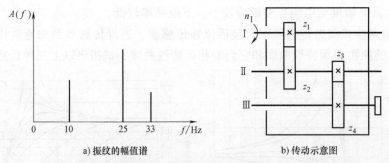

a) 振纹的幅值谱　　　　　　　　　b) 传动示意图

图 9-2　工件的振动频谱和车床主轴箱的传动示意图

知识点：齿轮不平衡问题越严重的，产生的振动幅值越高。幅频谱分析中，在相应频率下有较大幅值。

解：

（1）组建振动测试系统如图 9-3 所示。

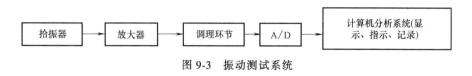

图 9-3　振动测试系统

（2）传动轴 I 轴频为

$$f_1 = \frac{n_1}{60} = \frac{2000}{60}\text{Hz} = 33\text{Hz}$$

传动轴 II 轴频为

$$f_2 = f_1 z_1/z_2 = 33 \times 30/40\text{Hz} = 25\text{Hz}$$

传动轴 III 轴频为

$$f_3 = f_2 z_3/z_4 = 25 \times 20/50\text{Hz} = 10\text{Hz}$$

因幅值最大处 25Hz 对应 II 轴轴频，所以 II 轴上的齿轮不平衡量对加工表面的振纹影响最大。

2. 某产品性能试验需要测试溢流阀的压强响应曲线（流量阶跃变化时，溢流阀压强上升的过渡曲线）。已知该阀为二阶系统，稳态压强 10MPa，超调量小于 20%。阀的弹簧刚度 $K = 6400\text{N/m}$，运动部分质量 $m = 0.1\text{kg}$。

（1）计算阀的固有频率。

（2）安全系数取 1.2，选用一种精度高、抗振性能好、可靠性高、频率响应特性能满足上述测试要求的压强传感器。写出其名称、工作原理、量程、选用理由等。

知识点：系统的二阶固有频率为

$$\omega_n = \sqrt{\frac{k}{m}}$$

解：阀的固有频率为

$$f_n = \frac{1}{2\pi}\sqrt{\frac{K}{m}} = \frac{1}{2\pi}\sqrt{\frac{6400}{0.1}}\text{Hz} = 40.3\text{Hz}$$

量程为

$$A_0 = 10(1 + 0.2)\text{MPa} = 12\text{MPa}$$

考虑过载，选量程 $A = 1.2 A_0$，取 $A = 14.4\text{MPa} \approx 15\text{MPa}$

选应变式压强传感器，利用金属的应变效应测压强，能满足频响要求、灵敏度高、电路简单、稳定性好。

3. 用压电式加速度计及电荷放大器测量振动，若加速度计灵敏度为 7pC/g［0.714pC/(m/s^2)］，电荷放大器灵敏度为 100mV/pC，试确定输入 $a = 3g$（29.4m/s^2）时系统的输出电压。

知识点：如果测量系统有多个环节串联组成，那么总的灵敏度等于各个环节灵敏度的乘积。

解：输出电压

$$u = 3 \times 7 \times 100\text{mV} = 2100\text{mV} = 2.1\text{V}$$

4. 若某旋转机械的工作转速为 3000r/min，为分析机组的动态特性，需要考虑的最高频率为工作频率的 10 倍，问：

（1）应选择何种类型的振动传感器，并说明原因？

（2）在进行 A/D 转换时，选用的采样频率至少为多少？

知识点：

（1）振动测量参数选择：低频（几十 Hz）时宜测量位移；中频（1000Hz 左右）时宜测量速度；高频时宜测量加速度。

（2）采样定理：为了避免叠混，以便采样后仍能准确地恢复原信号，采样频率 f_s 必须大于信号最高频率 f_c 的两倍，即 $f_s > 2f_c$。

解：

（1）工作频率为

$$f_n = 3000/60 \text{Hz} = 50 \text{Hz}$$

最高频率

$$f_{max} = 10 f_n = 10 \times 50 \text{Hz} = 500 \text{Hz}$$

根据频响范围可选电涡流位移传感器、磁电速度传感器、压电加速度传感器。速度传感器较适用。

（2）采样频率至少大于

$$f_c = 2 f_{max} = 2 \times 500 \text{Hz} = 1000 \text{Hz}$$

5. 设一振动体做简谐振动，振动频率为 20Hz。如果它的位移幅值是 1mm，求其速度幅值和加速度幅值。

知识点： 振动加速度为振动速度的导数，振动速度为振动位移的导数。

解： 假设简谐振动位移表达为 $x(t) = A \sin(\omega t)$，其幅值为 $A = 1 \text{mm}$。

速度为

$$v(t) = \frac{dx}{dt} = A\omega \cos(\omega t)$$

幅值为

$$A\omega = 10^{-3} \times 2\pi f = 10^{-3} \times 3.14 \times 2 \times 20 \text{m/s} = 0.126 \text{m/s}$$

加速度为

$$a(t) = \frac{d^2 x}{dt^2} = -A\omega^2 \sin(\omega t)$$

幅值为

$$A\omega^2 = 10^{-3} \times (2\pi \times 20)^2 = 10^{-3} \times (2 \times 3.14 \times 20)^2 \text{m/s}^2 = 15.8 \text{m/s}^2$$

6. 设一振动体作简谐振动，当振动频率为 10Hz 及 10kHz 时：

（1）如果它的位移幅值是 1mm，求其加速度幅值。

（2）如果加速度幅值为 1g（9.8m/s²），求其位移幅值。

知识点： 振动加速度为振动位移的二阶导数。

解：

（1）当位移幅值为 1mm，加速度幅值为

$$\alpha_m = \omega^2 x_m = 4\pi^2 f^2 x_m = 39.48 \times 10^{-3} f^2$$

当 $f = 10 \text{Hz}$ 时，有

$$\alpha_m = 39.48 \times 10^{-3} \times 10^2 \, m/s^2 \approx 3.95 \, m/s^2$$

当 $f = 10 \, kHz$ 时，有

$$\alpha_m = 39.48 \times 10^{-3} \times 10^8 \, m/s^2 \approx 3.95 \times 10^6 \, m/s^2$$

（2）加速度幅值为

$$\alpha_m = 4\pi^2 f^2 x_m = 39.48 x_m f^2$$

于是，位移幅值为

$$x_m = \frac{\alpha_m}{39.48 f^2} = \frac{9.8}{39.48 f^2} = \frac{0.2482}{f^2}$$

当 $f = 10 \, Hz$ 时，有

$$x_m = \frac{0.2482}{f^2} = 0.2482/100 \, m = 2.48 \times 10^{-3} \, m = 2.48 \, mm$$

当 $f = 10 \, kHz$ 时，有

$$x_m = \frac{0.2482}{10^8} \, m = 2.48 \times 10^{-9} \, m = 2.48 \times 10^{-6} \, mm$$

7. 用绝对法校准某加速度计，振动台位移峰值为 2mm，频率为 80Hz，测得加速度计的输出电压为 640mV。求该加速度计的灵敏度。

知识点：

（1）振动加速度为振动位移的二阶导数。

（2）灵敏度为

$$S = \lim_{\Delta x \to 0} \frac{\Delta y}{\Delta x} = \frac{dy}{dx}$$

解： 加速度幅值为

$$\alpha_m = \omega^2 x_m = 4\pi^2 f^2 x_m = 39.48 \times 80^2 \times 2 \times 10^{-3} \, m/s^2 = 505 \, m/s^2$$

其灵敏度为

$$K = U/\alpha_m = \frac{640 \, mV}{505 \, m/s^2} = 1.3 \, mV/(m/s^2) = 12.7 \, mV/g$$

8. 绝对式位移传感器具有 1Hz 的固有频率，被认为是无阻尼的振动系统，当它以 2Hz 的频率振动时，仪表指示振幅为 1.25mm，该振动的真实振幅是多少？

知识点： 绝对（惯性）式位移传感器为二阶系统，其幅频特性为

$$\frac{y_0}{x_0} = \frac{(\omega/\omega_n)^2}{\sqrt{[1-(\omega/\omega_n)^2]^2 + 4\zeta^2(\omega/\omega_n)^2}}$$

解： 系统的幅频特性，即输出与输入的幅值比为

$$A(\omega) = \frac{\eta^2}{\sqrt{(1-\eta^2)^2 + (2\zeta\eta)^2}} = \frac{\eta^2}{|1-\eta^2|} = \frac{2^2}{2^2-1} = 1.333$$

式中，η 是频率比，$\eta = \omega/\omega_n$。

$$x_m = x_{仪}/A(\omega) = 1.25 \, mm/1.333 = 0.938 \, mm$$

9. 一个由压电晶体构成的力传感器，其固有频率 $f_n = 37 \, kHz$，阻尼比 $\zeta = 0.01$，电容 $C_a = 100 \, pF$，电荷灵敏度 $D = 2 \, pC/N$。测量时，连接电缆很短，可以忽略电缆的电容和电阻；负

载为纯电阻，电阻值 $R = 10\mathrm{M}\Omega$，测量电路如图 9-4a 所示。

（1）根据以上数据，试确定该系统的传递函数和频率响应特性。加长连接电缆对测量系统的灵敏度有何影响？

（2）如果在以上测量电路中增加电荷放大器，其反馈电容 $C_\mathrm{F} = 10000\mathrm{pF}$，反馈电阻 $R_\mathrm{F} = 100\mathrm{M}\Omega$，如图 9-4b 所示。试确定该系统的传递函数和频率响应特性。与（1）比较，增加电荷放大器的测量系统有何优点？

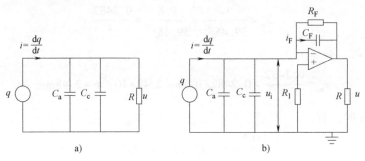

图 9-4　振动测量电路

知识点：

（1）压电传感器工作原理，当沿着一定方向对压电晶体加力而使其变形时，在一定表面上将产生电荷，当外力去掉后，又重新回到不带电状态，这种现象称为压电效应。

（2）压电晶体构成的二阶力传感器幅频特性为

$$A(\omega) = \frac{1/k}{\sqrt{(1-\eta^2)^2 + (2\zeta\eta)^2}}$$

式中，k 为压电晶体的弹性系数；η 为频率比，$\eta = \omega/\omega_\mathrm{n}$。

（3）压电力传感器电压放大电路：q_a 为压电力传感器产生的总电荷；C_a 为压电力传感器的内部电容；C_c 为连接电缆的分布电容；C_i 为电压放大器输入端的电容；R_a 为压电力传感器的内部绝缘电阻；R_i 为电压放大器输入端的电阻。

$$\frac{\mathrm{d}q_\mathrm{a}}{\mathrm{d}t} = \frac{\mathrm{d}q_{\mathrm{a}1}}{\mathrm{d}t} + \frac{\mathrm{d}q_{\mathrm{a}2}}{\mathrm{d}t} = D\frac{\mathrm{d}F}{\mathrm{d}t}$$

$$RC\frac{\mathrm{d}u}{\mathrm{d}t} + u = RD\frac{\mathrm{d}F}{\mathrm{d}t}$$

式中，D 为压电晶体的压电系数（C/N）；F 为作用于压电晶体上的交变力（N）；$q_{\mathrm{a}1}$ 为使电容 C（$C = C_\mathrm{a} + C_\mathrm{c} + C_\mathrm{i}$）充电到电压 u 的电荷（C）；$q_{\mathrm{a}2}$ 为经电阻 R [$R = R_\mathrm{a}R_\mathrm{i}/(R_\mathrm{a} + R_\mathrm{i})$] 泄漏的电荷（C），并在电阻 R 上产生压降；U 为电路电压。

（4）如果测量系统有多个环节串联组成，那么总的灵敏度等于各个环节灵敏度的乘积。

（5）压电力传感器电荷放大器电路中，电荷放大器是高增益的，A 为运算放大器的增益（即放大倍数），即 $A \gg 1$，所以，$(1+A)C_\mathrm{F} \gg (C_\mathrm{a} + C_\mathrm{c} + C_\mathrm{i})$，则有输出电压 u_0

$$u_0 \approx \frac{-Aq_\mathrm{a}}{(1+A)C_\mathrm{F}} \approx -\frac{q_\mathrm{a}}{C_\mathrm{F}}$$

式中，C_F 为负反馈网络的电容；A 为运算放大器的增益（即放大倍数）。

解：

（1）由受迫振动的力学模型，输入力 F 与压电晶体的变形量 x 之间的传递函数为

$$\frac{X(s)}{F(s)} = \frac{1/k}{\dfrac{s^2}{\omega_n^2} + \dfrac{2\zeta s}{\omega_n} + 1}$$

压电晶体因力产生的电荷为 $\qquad q = DF_1 = Dkx = Kx$

其中，F_1 为作用在压电晶体上的力；$K = Dk$。

压电晶体因变形产生的电流为

$$i = \frac{\mathrm{d}q}{\mathrm{d}t} = K\frac{\mathrm{d}x}{\mathrm{d}t}$$

两边取拉普拉斯变换，有

$$\frac{I(s)}{X(s)} = Ks$$

如图 9-4a 所示，列出电流等式

$$i = \frac{\mathrm{d}q}{\mathrm{d}t} = \frac{C\mathrm{d}u}{\mathrm{d}t} + \frac{u}{R}$$

两边取拉普拉斯变换，有

$$\frac{U(s)}{I(s)} = \frac{R}{1+RCs}$$

其中，$C = C_a + C_c$。

压电力传感器总的传递函数为

$$H(s) = \frac{U(s)}{I(s)}\frac{I(s)}{X(s)}\frac{X(s)}{F(s)} = \frac{KRs}{1+RCs}\frac{1/k}{\dfrac{s^2}{\omega_n^2} + \dfrac{2\zeta s}{\omega_n} + 1}$$

$$= \frac{D}{C}\frac{\tau s}{1+\tau s}\frac{1}{\dfrac{1}{\omega_n^2}s^2 + \dfrac{2\zeta}{\omega_n}s + 1}$$

式中，时间常数 $\tau = RC = 10\times10^6 \times 100\times10^{-12} = 10^{-3}$；

电荷灵敏度 $D = q/F_1 = K/k$；

固有角频率 $\omega_n = 2\pi f_n = 2\times3.14\times37\times10^3\,\mathrm{rad/s} = 2.32\times10^5\,\mathrm{rad/s}$。

代入数值，有

$$H(s) = \frac{2\times10^{-12}}{100\times10^{-12}}\frac{10^{-3}s}{1+10^{-3}s}\frac{1}{\dfrac{1}{(2.32\times10^5)^2}s^2 + \dfrac{2\times0.01}{2.32\times10^5}s + 1}$$

$$= 0.02\frac{10^{-3}s}{1+10^{-3}s}\frac{5.4\times10^{10}}{s^2 + 4.6\times10^3 s + 5.4\times10^{10}}$$

幅频特性为

$$\frac{A(\omega)}{A(0)} = \frac{\tau\omega}{\sqrt{1+(\tau\omega)^2}} \frac{1}{\sqrt{\left[1-\left(\dfrac{\omega}{\omega_n}\right)^2\right]^2 + \left(2\zeta\dfrac{\omega}{\omega_n}\right)^2}}$$

$$= \frac{10^{-3}\omega}{\sqrt{1+(10^{-3}\omega)^2}} \frac{1}{\sqrt{\left[1-\left(\dfrac{\omega}{2.3\times10^5}\right)^2\right]^2 + \left(0.02\dfrac{\omega}{2.3\times10^5}\right)^2}}$$

相频特性为

$$\varphi(\omega) = 90° - \arctan(\tau\omega) - \arctan\frac{2\zeta\omega/\omega_n}{1-\omega^2/\omega_n^2}$$

$$= 90° - \arctan(10^{-3}\omega) - \arctan\frac{4.6\times10^3\omega}{5.4\times10^{10}-\omega^2}$$

因为系统的静态灵敏度 $A(0) = D/C$，所以会受到电缆电容的影响，并随电容的增大而降低。

（2）如图 9-4b 所示，设运算放大器的增益为 A，电荷等式为

$$q \approx u_i C + (u_i - u)C_F = u_i(C + C_F) + Au_i C_F$$

因为 $A \gg 1$ 和 $C_F \gg C$，所以

$$u_i = \frac{q}{C+(A+1)C_F} \approx \frac{q}{AC_F}$$

$$u = -Au_i = -\frac{q}{C_F}$$

考虑通过 R_F 的直流电，有

$$i = \frac{dq}{dt} = -\left(\frac{C_F du}{dt} + \frac{u}{R_F}\right)$$

于是，传递函数为

$$H(s) = \frac{-D}{C_F} \frac{\tau s}{1+\tau s} \frac{1}{\dfrac{1}{\omega_n^2}s^2 + \dfrac{2\zeta}{\omega_n}s + 1}$$

这时，时间常数 $\tau = R_F C_F = 100\times10^6\times10000\times10^{-12} = 1$。于是，有

$$H(s) = -0.0002\frac{s}{1+s}\frac{5.4\times10^{10}}{s^2+4.6\times10^3 s+5.4\times10^{10}}$$

类似于（1），得到幅频特性为

$$\frac{A(\omega)}{A_0} = \frac{\omega}{\sqrt{1+\omega^2}} \frac{1}{\sqrt{\left[1+\left(\dfrac{\omega}{2.3\times10^5}\right)^2\right]^2 + \left(0.02\dfrac{\omega}{2.3\times10^5}\right)^2}}$$

相频特性为

$$\varphi(\omega) = -180°+90°-\arctan\omega-\arctan\frac{4.6\times10^3\omega}{5.4\times10^{10}-\omega^2}$$

$$= -90°-\arctan\omega-\arctan\frac{4.6\times10^3\omega}{5.4\times10^{10}-\omega^2}$$

与(1)比较，采用电荷放大器的测量系统的灵敏度取决于反馈电容，不受电缆电容的影响，允许的频率下限较低。

9.6　判断单选填空题答案

9.6.1　判断题答案

1. 错；2. 对；3. 错；4. 对；5. 错；6. 对；7. 错；8. 对；9. 错

9.6.2　单选题答案

1. B；2. A；3. D；4. B；5. D；6. A；7. C；8. B；9. C；10. A；11. B

9.6.3　填空题答案

1. 降低
2. 远大于
3. 惯性（绝对）
4. 电荷放大器
5. 小
6. 电动式，电磁式
7. 磁电式速度

第10章

噪声的测量

10.1 判断题

1. 在气体、液体、固体这些弹性介质中，当产生振动的振源频率在 20～2000Hz 之间时，人的耳朵可以听到它，称为声波。（　　）

2. 声音是声波以纵波形式在空气介质中的传播。（　　）

3. 当声波传播时不受到任何阻碍，无反射现象存在，这种声波传播的区域称为自由声场。（　　）

4. 如果声波在声场中受到边界面的多次反射，使得声场中各点的声压相同，这种声场称为半自由声场。（　　）

5. 声波是在弹性介质中传播的压力随着疏密程度的变化而变化，声压是指某点上各瞬间的压力与大气压力的差值。（　　）

6. 声强随着声源的距离的增大而减小，也就是说，在距声源的不同距离的两点上的声强之比，等于这两个距离的倒数之比。（　　）

7. 两个以上相互独立的声源，同时发出来的声功率和声强可以代数相加。（　　）

8. 对于宽广连续的噪声谱，很容易对每个频率成分进行分析，分析后得到一系列分离频率成分所组成的声音，其频谱图为离散线谱。（　　）

9. 人耳对声音的感觉，除声压、声强、声频率之外，还有声音持续时间、听音人的主观情况等有关，人的耳朵对高频声波敏感，而对低频声波迟钝。（　　）

10.2 单选题

1. 超声波是频率超过（　　）的波动。
   - （A）20Hz
   - （B）20kHz
   - （C）1000Hz
   - （D）其他频率

2. 响度反映噪声对人的听觉影响的强弱程度，其单位是（　　）。
   - （A）宋
   - （B）方
   - （C）分贝
   - （D）瓦

3. 在与声源距离不同的两个位置的声强之比等于这两个距离的（　　）。
   - （A）倒数之比
   - （B）倒数的二次方之比
   - （C）比值
   - （D）二次方之比

4. 声级计频率计权网络中，无论噪声强度多少，利用（　　　）能较好地反映噪声对人的主观感觉和人耳听力损伤的影响。

（A）A声级　　　　（B）B声级　　　　（C）C声级　　　　（D）任意声级

10.3　填空题

1.（　　　　　　　）是噪声测量中用于测量声压级的主要仪器。

2.（　　　　　　　）是把声波信号转换为电信号的传感器。

3. 若声压为 P，基准声压为 P_0，则声压级 $L_P =$（　　　　　　　）。

4. 在空气中，正常人刚能听到的 1000Hz 声音的声压为 2×10^{-5}Pa，称为（　　　　　　　），并规定为（　　　　　　　），记为 P_0。当声压为 20Pa 时，能使人耳开始产生疼痛，称之为（　　　　　）。

5.（　　　　　　　）指被测定的噪声源停止发声时，其周围环境的噪声。

6. 考虑噪声对人体的危害程度，除了注意噪声的强度、频率，还要注意作用时间。（　　　　　）是反映这三者作用效果的噪声量度。

7. 某噪声听起来与频率 1000Hz 的声压级 25dB 的基准音一样响，则该噪声的响度级就是（　　　　　）。

8. 若声强为 I，基准声强为 I_0，则声压级 $L_I =$（　　　　　　　）。

10.4　简答题

1. 列出评价噪声的主要的主观和客观技术参数。

答：评价噪声的客观参数：声压级、声强级和声功率级、频率或频谱。主观技术参数有响度、响度级和等效连续声级等。

2. 什么是声波？评价噪声的主要客观技术参数是什么？各代表什么物理意义？

答：声波是在弹性介质中传播的疏密波即纵波，其压强随着疏密程度变化。

声压是指某点上各瞬间的压强与大气压强之差值，用 P 表示，单位为 N/m^2，即 Pa（帕）。

声强是在传播方向上，单位时间内通过单位面积的声能量，记为 I，单位为 W/m^2。

声功率是声源在单位时间内发射出的总能量，用 W 表示，单位为 W（瓦）。一般声功率不能直接测量，要根据测量的声压级来换算。

声压、声强和声功率的绝对值来衡量声音的强弱是很不方便的。为此，对以上三种衡量法分别引用成倍比关系的对数量，它们以分贝为单位，是无量纲量。

声压级表示声压与基准声压 P_0 的相对关系，记为 L_P，即

$$L_P = 20 \lg \frac{P}{P_0}$$

声强级表示声强与基准声强 I_0（取 $I_0 = 10^{-12}$ W/m²）的相对关系，记为 L_I，即

$$L_I = 10 \lg \frac{I}{I_0}$$

声功率级表示声功率 W 与基准声功率 W_0（$W_0 = 10^{-12}$ W）的相对关系，记为 L_W，即

$$L_W = 10\lg \frac{W}{W_0}$$

由强度不同的许多频率纯音所组成的声音称为复音，组成复音的强度与频率的关系称为声频谱，简称频谱。

3. 评价噪声的主观技术参数是什么？各代表什么物理意义？

答： 听阈和痛阈的数值都是定义在 1000Hz 纯音条件下的量，当声音的频率发生变化时，听阈和痛阈的数值也将随着变化。选取 1000Hz 纯音作为基准音，若噪音听起来与某个基准纯音一样响，则该噪音的响度级就等于这个纯音的声压级（分贝数），单位为方。

响度级是一个相对量，有时需要用绝对值来表示。1 宋为 40 方的响度级，即 1 宋是声压 40dB、频率为 1000Hz 的纯音所产生的响度。

等效连续声级是噪声的强度、频率和作用时间的作用效果的噪声量度，表示噪声对人的危害程度。

4. 如何计算宽带噪声的总响度及其响度级？

答： 先测出噪声的各频带声压级，然后从响度指数曲线查出各频带的响度指数，总响度（宋）计算公式为

$$S_t = S_m + F(\sum S_i - S_m)$$

式中，S_m 为频带中最大的响度指数；$\sum S_i$ 为所有频带的响度指数之和；F 为常数，对倍频带、1/2 倍频带和 1/3 倍频带分析仪分别为 0.3、0.2 和 0.15。

然后，可计算响度级（方）为

$$L_s = 40 + \log_2 S$$

5. 什么是 A 声级？

答： A 计权网络是效仿倍频程等响曲线中的 40 方曲线设计的，它较好地模仿了人耳对低频段不敏感、对高频段（1000~5000Hz）敏感的特点，用 A 计权测量的声级来代表噪声的大小，称为 A 声级。

6. A、B、C 三种不同计权网络在噪声测试中各有什么用途？

答： A 计权网络是效仿倍频程等响曲线中的 40 方曲线设计的。A 声级是单一数值，容易直接测量，并且是噪声的所有频率成分的综合反映，与主观反映接近，故目前在噪声测量中得到广泛的应用，并以它作为评价噪声的标准。

B 计权网络效仿 70 方等响曲线，对低频有衰减。

C 计权网络是效仿 100 方等响曲线，在整个可听频率范围内近于平直的特点，它让所有频率的声音近于一样程度地通过，基本上不衰减，因此 C 计权网络表示总声压级。

7. 噪声测试中应注意那些具体问题？

答： 传声器与被测噪声源的相对位置对测量结果有显著影响，在进行数据比较时，必须标明传声器离开噪声源的距离。测量各种动态设备的噪声，测量最大值时应取起动时或工作条件变动时的噪声，测量平均正常噪声时应取平稳工作时的噪声；当周围环境的噪声很大时，应选择环境噪声最小时测量。测量时，应当避免本底噪声对测量的影响。排除电压不稳、气流、反射和传声器方向不同等因素对噪声测量的影响。

8. 声级计的校准方法有哪几种？

答：声级计的校准方法有活塞发生器校准法、扬声器校准法、互易校准法、静电激励校准法和置换法等。

10.5　计算与应用题

1. 测量某车间的噪声。有 4h 中心声级为 90dB（A），有 3h 时中心声级为 100dB（A），有 1h 中心声级为 110dB（A）。试用近似方法计算一天内等效连续声级。

知识点：一天的等效声级近似计算公式为

$$L_{eq} = 80 + 10\lg \frac{\sum\limits_{n} 10^{\frac{n-1}{2}} T_{nR}}{480} \, dB（A）$$

式中，T_{nR} 是第 n 段声级 L_n 一个工作日的总暴露时间（min）。

解：由参考文献 [2] 得表 10-1，得知中心声级的分段与暴露时间的关系。于是，用近似方法，车间等效声级为

$$L_{eq} = 80 + 10\lg \frac{\sum\limits_{n} 10^{\frac{n-1}{2}} T_{nR}}{480}（其中，T_{nR} 为日暴露时间）$$

$$= 80 + 10\lg \frac{10^{\frac{3-1}{2}} \times 240 + 10^{\frac{5-1}{2}} \times 180 + 10^{\frac{7-1}{2}} \times 60}{480} = 102dB（A）$$

表 10-1　中心声级的分段与暴露时间

段　位 n	1	2	3	4	5	6	7	8
中心声级 L_n/dB（A）	80	85	90	95	100	105	110	115
暴露时间 T_n/min	T_1	T_2	T_3	T_4	T_5	T_6	T_7	T_8

2. 两台噪声声压级相等的发动机一起工作，比一台发动机单独工作增加多少声压级?

知识点：n 个噪声级相同的声源，在离声源距离相同的一点所产生的总声压级为

$$L = 10\lg \left(\frac{P_1^2 + P_2^2 + \cdots + P_n^2}{P_0^2} \right) = 10\lg \frac{nP^2}{P_0^2} = 10\lg \frac{P^2}{P_0^2} + 10\lg n = L_1 + 10\lg n$$

解：设单独工作的声压级为 L_{P1}，两台噪声声压级相等的发动机共同工作的声压级为

$$L_{P2} = L_{P1} + 10\lg 2 \approx (L_{P1} + 3) \, dB$$

即增加声压级 3dB。

3. 一台发动机工作时噪声的声压级为 68dB，起动第二台发动机后，声压级增加为 70dB。第二台发动机的产生的声压级是多少?

知识点：

（1）若声压和声压级分别为 P_1，P_2，P_3，$\cdots$，P_n 和 L_{P1}，L_{P2}，$\cdots$，L_{Pn}，则

$$L_{P1} = 20\lg \frac{P_1}{P_0}, \quad L_{P2} = 20\lg \frac{P_2}{P_0}, \cdots, L_{Pn} = 20\lg \frac{P_n}{P_0}$$

（2）合成噪声总声压级为

$$L_P = 20\lg\frac{P}{P_0} = 20\lg\left(\frac{\sqrt{P_1^2+P_2^2+\cdots+P_n^2}}{P_0}\right)$$

$$= 10\lg\left(\frac{P_1^2+P_2^2+\cdots+P_n^2}{P_0^2}\right)$$

解：设第一台和第二台发动机的声压级分别为 L_{P1} 和 L_{P2}，有

$$10\lg\left[\lg^{-1}(L_{P1}/10)+\lg^{-1}(L_{P2}/10)\right] = 70\text{dB}$$

$$10\lg\left[\lg^{-1}(68/10)+\lg^{-1}(L_{P2}/10)\right] = 70\text{dB}$$

解得

$$L_{P2} = 65.7\text{dB}$$

4. 在自由空间，B 点与声源的距离为 r_2，A 点与声源的距离为 r_1，如果 $r_2 = 2 r_1$，声压级从 A 点到 B 点将衰减多少 dB？

知识点：

（1）对于球形声源，假设声源在传播过程中没有受到任何阻碍，也不存在能量损失。两个任意距离 r_1 和 r_2 处的声强为 I_1 和 I_2，则有

$$I_1 \cdot 4\pi r_1^2 = I_2 \cdot 4\pi r_2^2$$

即

$$\frac{I_1}{I_2} = \frac{r_2^2}{r_1^2}$$

（2）声强 I 与声压 P 的函数关系为

$$I = \frac{p^2}{\rho c}$$

式中，ρ 和 c 分别为传媒的质量密度和传媒中的声速。

解：设 A 点和 B 点的声压分别为 p_1 和 p_2，声压级分别为 L_1 和 L_2，ρ 和 c 分别为传媒的质量密度和传媒中的声速，W 为声功率。声强为

$$I = \frac{p^2}{\rho c} = \frac{W}{4\pi r^2}$$

于是，有

$$\frac{p_2}{p_1} = \frac{r_1}{r_2}$$

$$L_2 - L_1 = 20\lg\frac{p_2}{p_0} - 20\lg\frac{p_1}{p_0} = 20\lg\frac{p_2}{p_1} = 20\lg\frac{r_1}{r_2} = -20\lg 2\text{dB} = -6.02\text{dB}$$

即声压级衰减了 6.02dB。

10.6 判断单选填空题答案

10.6.1 判断题答案

1. 错；2. 对；3. 对；4. 错；5. 对；6. 错；7. 对；8. 错；9 对

10.6.2 单选题答案

1. B；2. A；3. B；4. A

10.6.3 填空题答案

1. 声级计

2. 传声器

3. $20\lg \dfrac{P}{P_0}\mathrm{dB}$

4. 听阈声压，基准声压，痛阈声压

5. 本底噪声

6. 等效连续声级

7. 25 方

8. $10\lg \dfrac{I}{I_0}\mathrm{dB}$

第11章

位移与厚度的测量

11.1 判断题

1. 光栅式传感器是在基体上刻有均匀分布条纹的光学元件，栅线宽度为 a，缝隙宽度为 b，要求 $a=b$。（　　）

2. 光栅式传感器若标尺光栅与指示光栅栅线之间有很小的夹角 θ，则在近似垂直于栅线的方向上可显示出与栅距 W 相同宽度的明暗相间的莫尔条纹。（　　）

3. 光栅传感器在测量时，可以根据莫尔条纹的移动量和移动方向判定标尺光栅（或指示光栅）的位移量和位移方向。（　　）

4. 莫尔条纹能在很大程度上消除栅距的局部误差和短周期误差的影响，个别栅线的栅距误差、断线及疵病对莫尔条纹的影响很微小。（　　）

5. 光电盘传感器中的光阑板上有两条透光的狭缝，缝距等于光电盘槽距或孔距的 $1/4$，每条缝后面放一个微型应变计。根据光阑板上两条狭缝中信号的先后顺序，可以判别光电盘的旋转方向。（　　）

6. 相干波是指两个具有相同方向、相同频率和相位差恒定的波。激光器发出的光是相干光，所以激光具有高度的相干性。（　　）

7. 增加编码盘的码道数即可提高角位移的分辨率，但要受到制作工艺的限制，通常采用多级码盘来解决。（　　）

8. 编码盘以不同的二进制数表示一周的各个位置，即对其采用绝对的机械位置进行编码，属于相对式位移传感器。（　　）

9. 单频激光干涉仪就是利用反射镜的移动转换为相干光束明暗相间的光强变化，由光电转换元件接收并转换为电信号，经处理后由计数器计数，从而实现对位移量的检测。（　　）

10. 对于大多数 X 射线机测厚仪而言，切断电源即可停止 X 射线发射，安全性能较高。（　　）

11. 镉测厚仪使用 60keV 的 γ 射线，主要用于厚板的中低速生产线。（　　）

11.2 单选题

1. 对于双频激光干涉仪，下列叙述中，（　　）是不正确的。

（A）前置放大使用交流放大器，没有零点漂移等问题

（B）利用多普勒效应，计数器计频率差的变化，不受光强和磁场变化的影响

（C）测量精度不受空气湍流的影响，无须预热时间

（D）抗振性强和抗干扰能力强，广泛用于高精度机床

2. 在 X 射线测厚仪中，射线穿透被测材料后，射线强度（ ）。

（A）按线性规律衰减

（B）按指数规律衰减

（C）与被测材料的厚度成正比

（D）与被测材料的厚度成反比

3. 若直线光栅的两光栅栅距均为 0.01mm，两光栅线纹交角为 0.1°，则莫尔条纹间距约为（ ）mm。

（A）1　　　　（B）10　　　　（C）6　　　　（D）0.1

4. 下列（ ）不是光栅式传感器的结构组成部分。

（A）光栅副　　（B）光电元件　　（C）凸透镜　　（D）光阑板

11.3　填空题

1. （ ）测厚仪是目前常用的非接触式测厚仪之一，与 X 射线测厚仪相比它的射线源稳定、廉价。

2. 根据传感器与被测物的位置关系，厚度测量有（ ）和（ ）两种方式。

3. 四码道的编码盘测量转角时的角度分辨力为（ ）度。

4. 将二进制码与其本身右移一位后舍去末位的数码做不进位加法，所得结果就是（ ）。

5. （ ）是指两个具有相同方向、相同频率和相位差固定的波。

6. （ ）传感器测量的基本原理是利用其莫尔条纹的现象。

7. （ ）利用光的干涉原理，使激光束产生明暗相间的干涉条纹，由光电转换元件接收并转换为电信号。

11.4　简答题

1. 说明长光栅的构成和工作原理。

答：光栅式传感器利用光栅的莫尔条纹现象进行测量。带有条纹的两块直光栅（即标尺光栅和指示光栅）组成光栅副。将其置于平行光束的光路中，二光栅线相互成微小的角度 θ，则在近似垂直于栅线的方向上显示明暗相间距离为 B 的条纹，即"莫尔条纹"。当标尺光栅沿垂直于栅线的方向每移动一个栅距 W 时，莫尔条纹近似沿栅线方向移过一个条纹间距 B，有 $W/B \approx \theta$。用光电元件接收莫尔条纹信号，经电路处理后用计数器可得到标尺光栅移过的距离 W。

2. 莫尔条纹有哪些重要特性？

答：

（1）运动对应关系。莫尔条纹的移动量和移动方向与主光栅相对于指示光栅的位移量和位移方向有着严格的对应关系。

（2）位移放大作用。在光栅副中，由于θ角很小（$\sin\theta \approx \theta$），若两光栅的光栅常数相等，$W_1 = W_2 = W$，条纹的间距$B \approx W/\theta$。一般$W$可以做到约0.01mm，而$B$可以到$6 \sim 8$mm。因此，莫尔条纹具有放大作用，其放大倍数为$K = B/W = 1/\theta$。

（3）误差均化效应。莫尔条纹是由光栅的大量栅线（常为数百条）共同形成的，对光栅的刻划误差有均化作用，从而能在很大程度上消除栅距的局部误差和短周期误差的影响，个别栅线的栅距误差或断线及疵病对莫尔条纹的影响很小。

3. 磁尺和磁头按其基体形状不同可分成哪几种类型？

答：磁尺按其基体形状不同可分成以下类型：平面实体形磁尺、带状磁尺、线状磁尺、圆形磁尺。

磁头分动态磁头和静态磁头两种。动态磁头又称速度磁头，静态磁头又称磁通响应型磁头。

4. 激光与普通光相比，具有哪些重要的特殊性能？

答：

（1）高相干性。普通光源是非相干光源。激光是受激辐射光，所以激光具有高度的相干性。

（2）高方向性。激光器发出的激光光束的发散角很小，几乎与激光器的反射镜面垂直。激光可以集中在狭窄的范围内，向特定的方向发射。

（3）高单色性。激光的高单色性是指谱线宽度很窄的一段光波。

（4）高亮度。由于激光器发出的激光光束发散角很小，光能在空间高度集中，所以有效功率和照度特别高。

5. 试述激光干涉仪原理。

答：激光干涉仪就是利用光的干涉原理，使激光束产生明暗相间的干涉条纹，由光电转换元件接收并转换为电信号，经处理后由计数器计数，从而实现对位移量的检测。

6. 什么是回转轴运动误差？测量回转轴运动误差时，为什么要指明测量点的位置？

答：运动误差是回转轴上任何一点发生与轴线平行的移动和在垂直于轴线的平面内的移动。前一种移动称为该点的端面运动误差，后一种移动称为该点的径向运动误差。

端面运动误差因测量点所在半径位置不同而异，径向运动误差则因测量点所在的轴向位置不同而异。所以在讨论运动误差时，应指明测量点的位置。

7. 选用位移传感器应注意哪些问题？

答：选用位移传感器时，除应符合一般传感器的选用原则外，其测量范围、线性度和精确度对传感器的合理选用尤为重要。

（1）测量范围：小位移测试可用电感式、差动变压器式、电容式、应变式、涡流式、霍尔式、压电式等，大位移测试可采用光栅、感应同步器、磁栅等。数字式位移传感器确定测量范围的原则：测量上限不准传感器过载，测量下限应考虑示值相对误差。

（2）线性度：由于一些位移传感器本身是非线性的，为了满足测试精确度要求，在位移测试中常采用适当方法给予校正、补偿。

（3）精确度：根据测试的目的和被测位移实际要求，尽可能选择精密度较低的传感器，以获得最佳的技术经济效益。

11.5　计算与应用题

1. 图 11-1 所示为长光栅副的几何关系，其中 W_1 和 W_2 分别为标尺光栅和指示光栅的常数，θ 为两个光栅栅线之间的夹角，α 为莫尔条纹与水平方向的夹角，B 为条纹的间距。

（1）试确定莫尔条纹的斜率及其间距的计算公式。

（2）若 $W_1 = W_2 = W = 0.01\text{mm}$，$\theta = 0.00125\text{rad}$，莫尔条纹的间距是多少？若电子电路可以区分 2mm，该光栅最小可以分辨多大的位移量？

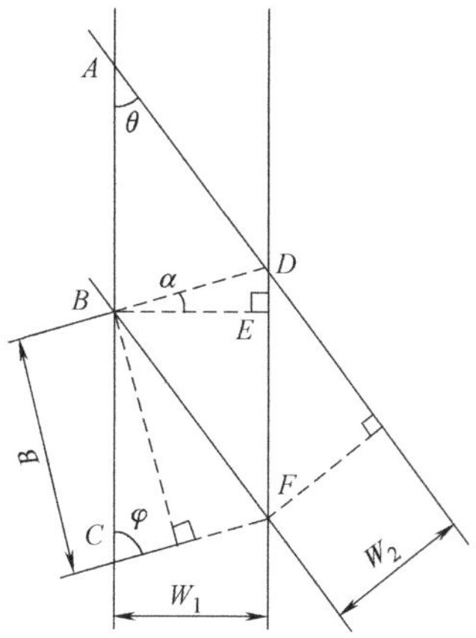

知识点：莫尔条纹的宽度 B 为

$$B = \frac{W/2}{\sin(\theta/2)}$$

式中，W 为光栅常数；θ 为两光栅栅线的夹角。

解：

（1）如图 11-1 所示，有

$$\sin\theta = \frac{W_2}{DE + EF} = \frac{W_2}{W_1\tan\alpha + W_1\cot\theta}$$

整理，得莫尔条纹的斜率为

$$\tan\alpha = \frac{W_2}{W_1\sin\theta} - \cot\theta = \left(\frac{W_2}{W_1\cos\theta} - 1\right)\cot\theta$$

求条纹间距 B

$$\sin\varphi = \frac{B\sin\theta}{W_2}$$

$$\cos\alpha = \frac{W_1}{BD} = \frac{W_1}{\sqrt{AB^2 + AD^2 - 2AB \times AD\cos\theta}}$$

$$= \frac{W_1}{\sqrt{\left(\dfrac{W_2}{\sin\theta}\right)^2 + \left(\dfrac{W_1}{\sin\theta}\right)^2 - \dfrac{2W_1 W_2\cos\theta}{\sin^2\theta}}}$$

$$= \frac{W_1\sin\theta}{\sqrt{W_2{}^2 + W_1{}^2 - 2W_1 W_2\cos\theta}}$$

因为

$$\sin\varphi = \sin(90° - \alpha) = \cos\alpha$$

所以

$$\frac{B\sin\theta}{W_2} = \frac{W_1\sin\theta}{\sqrt{W_2{}^2 + W_1{}^2 - 2W_1 W_2\cos\theta}}$$

于是，有

图 11-1　长光栅副的几何关系

$$B = \frac{W_1 W_2}{\sqrt{W_2^2 + W_1^2 - 2W_1 W_2 \cos\theta}}$$

（2）由（1）的结果，有

$$B = \frac{W_1 W_2}{\sqrt{W_2^2 + W_1^2 - 2W_1 W_2 \cos\theta}} = \frac{W}{\sqrt{2 - 2\cos\theta}} = \frac{W}{2\sin\dfrac{\theta}{2}} \approx W/\theta$$

于是，条纹间距为

$$B = 0.01\text{mm} / 0.00125 = 8\text{mm}$$

因为 8/2 = 4，所以可以分辨 0.01mm /4 = 0.0025mm 的位移量。

2. 对于一个 6 位普通二进制编码盘，基准标志设于零位。最大量化误差是多少？被测量的角位移为 75°，码盘输出的二进制数是多少？其对应的循环码是多少？

知识点：（1）二进制码盘有 2^n 种不同编码（n 为码道数）；二进制码盘所能分辨的旋转角度，即码盘的分辨率（量化单位）为

$$q = 360°/2^n$$

（2）二进制码转换成循环码的法则：将二进制码与其本身右移一位并舍去末位后的数码作按位异或运算（不进位加法），即可得到循环码。

解：量化单位为

$$q = 360°/2^6 = 5.625°$$

取舍入误差，最大量化误差为

$$q/2 = \pm 5.625°/2 = \pm 2.8125°$$

被测量包含的量化单位数为

$$75°/5.625° \approx 13$$

于是，二进制码为

$$001101$$

转换成循环码为

$$
\begin{array}{r}
001101 \\
\oplus\,00110 \\
\hline
001011
\end{array}
$$

11.6 判断单选填空题答案

11.6.1 判断题答案

1. 错；2. 错；3. 对；4. 对；5. 错；6. 对；7. 对；8. 错；9. 对；10. 对；11. 错

11.6.2 单选题答案

1. D；2. B；3. C；4. D

11.6.3 填空题答案

1. γ射线
2. 非接触测厚，接触测厚
3. 22.5
4. 循环码
5. 相干波
6. 光栅
7. 激光干涉仪

第12章

温度的测量

12.1 判断题

1. 由 A、B 两种不同的导体两端相互紧密地接在一起，组成一个闭合回路，当两端接点的温度不等时，回路中就会产生电动势，从而形成电流，这一现象称为温差电效应，通常称为热电效应。（　　）

2. 热电偶产生的热电动势是由两种导体的接触电动势和单一导体的温差电动势所形成的。（　　）

3. 接触电动势其数量级一般为 $10^{-3} \sim 10^{-2}\mathrm{V}$。同接触电动势相比，温差电动势要大得多，一般约为 $10^{-1}\mathrm{V}$。（　　）

4. 热电阻温度计是利用金属导体或半导体的感温电阻，把温度的变化转换成电阻值变化的传感器。工业上被广泛地用于低温及中温（$-200 \sim 500$℃）范围内的温度测量。（　　）

5. 半导体热敏电阻与金属热电阻相比较，具有互换性好、体积小、热惯性小、响应速度快等优点，但目前它存在的主要缺点是灵敏度低和稳定性较差，非线性严重，且不能在高温下使用，所以限制了其应用领域。（　　）

6. 全辐射温度计工作原理是被测物体的热辐射能量，经物镜聚集在热电堆（由一组微细的热电偶串联而成）上并转换成热电动势输出，其值与被测物体的表面温度成正比，用显示仪表进行指示记录。（　　）

7. 光学高温计利用受热物体的单色辐射强度随温度升高而增加的原理制成，由于它采用单一波长进行亮度比较，也称单色辐射温度计。（　　）

8. 比色高温计的优点是在有烟雾、灰尘或水蒸气等环境中使用时，由于这些媒质对蓝光波长 λ_1 及红光波长 λ_2 的光波吸收特性差别不大，所以由媒质吸收所引起的误差很小。（　　）

12.2 单选题

1. 若采用相同材料构成热电偶的两极，那么，当两个接点的温度不同时，热电偶的两个接点之间，（　　）。

（A）存在接触电动势　　　　　（B）总的热电动势为零

（C）单一导体的温差电动势为零　（D）有电动势输出

2. 已知在某特定条件下材料 A 与铂电阻配对的热电动势为 13mV，材料 B 与铂配对的热电动势为 8mV，此条件下材料 A 与材料 B 配对后的热电动势为（　　）mV。

（A）5　　　　　（B）8　　　　　（C）13　　　　　（D）21

3. 用一热电偶测量炉温，冷端温度为 30℃。实测电动势为 9.38mV，在热电偶分度表中对应 $E(T, T_0)$ 的 $T = 985℃$，$T_0 = 30℃$。由 30℃查分度表，有 $E(30℃, 0) = 0.17mV$，则实际的炉温 T 为（　　）。

（A）热电偶分度表中 9.55mV 对应的 $E(T, 0)$ 的 T 值

（B）热电偶分度表中 9.21mV 对应的 $E(T, 0)$ 的 T 值

（C）1015℃

（D）955℃

4. 用镍铬-镍硅热电偶测量炉温时，冷端温度为 $T_0 = 30℃$，测得热电动势 $E(T, T_0) = 39.2mV$。由热电偶分度表查得 $E(30, 0) = 1.2mV$。这时比较准确的炉温是热电偶分度表中与（　　）对应的温度值。

（A）40.4mV　　（B）38.0mV　　（C）39.2mV　　（D）1.2mV

5. 对一个测量炉温的热电偶，需要使用补偿导线。在以下说明中，不正确的是（　　）。

（A）补偿导线把热电偶的冷端引至 0℃或温度恒定的场所

（B）补偿导线可以连接在热电偶的冷端和显示仪表的中间

（C）在一定的温度范围内，补偿导线与热电偶具有相同的热电性能

（D）在一定的温度范围内，补偿导线与热电偶具有相反的热电性能

12.3　填空题

1. 根据温度传感器的使用方式，测量温度的方法可分为（　　　　）式与（　　　　）式两大类。

2. 温标是温度的数值表示方法，是用来衡定物体温度的尺度。常用的有（　　　　）温标、（　　　）温标和（　　　　）温标，它们的单位分别是℃、℉和 K。

3. 铂热电阻的电阻比是（　　　　）时的电阻与 0℃时的电阻之比，它的值越高。表示铂的（　　　）越高。

12.4　简答题

1. 温标及其传递的主要内容是什么？

答：通常用纯物质的三相点、沸点、凝固点和超导转变点等作为温度计量的固定点，并赋予固定点一个确定的温度。

选定一种测温物质制成测温仪器，即温度计，作为实现温标的仪器。用固定点的温度确定任意点温度的数学关系式，即内插公式。

2. 接触法测温和非接触法测温各有什么特点？

答：接触式测温是使被测物体与温度计的感温元件直接接触，使其温度相同，便可以得到被测物体的温度。接触式测温时，由于温度计的感温元件与被测物体相接触，吸收被测物体的热量，往往容易使被测物体的热平衡受到破坏。所以，对感温元件的结构要求苛刻，这是接触法测温的缺点，因此不适于小物体的温度测量。

非接触式测温是温度计的感温元件不直接与被测物体相接触，而是利用物体的热辐射原理或电磁原理得到被测物体的温度。非接触法测温时，温度计的感温元件与被测物体有一定的距离，是靠接收被测物体的辐射能实现测温，所以对被测物体的热平衡状态影响较小，具有较好的动态响应，但非接触测量的精度较低。

3. 简述热电偶的测温原理。

答：两种不同的导体 A 和 B，组成闭合回路，当两接点的温度不等（$T > T_0$）时，回路中就会产生电动势，称为温差电效应，即热电效应。工作端即热端温度为 T，测量时自由端即冷端温度 T_0 应保持恒定。

热电偶产生的热电动势 $E_{AB}(T, T_0)$ 由两种导体的接触电动势 E_{AB} 和单一导体的温差电动势 E_A 和 E_B 所形成。

4. 热电偶测温的充要条件是什么？

答：只有当热电偶的两个电极材料不同，且两个接点的温度也不同时，才会产生电动势，热电偶才能进行温度测量。

当热电偶的两个不同的电极材料确定后，热电动势便与两个接点温度 T、T_0 有关。即回路的热电动势是两个接点的温度函数之差。

5. 即使温度敏感元件的精度很高，在气体温度测量中也会产生较大误差，试说明产生误差的原因。

答：表面温度传导误差，敏感元件向环境空气传热；辐射误差，测量气体温度时，热量辐射到管道壁；分离误差，气体流动时，由于黏滞作用，气体在敏感元件表面的速度降低到零，导致温度升高。

6. 为什么热电偶要进行冷端补偿？冷端补偿方法有哪些？

答：根据热电偶的测温原理，只有当热电偶的参考端的温度保持不变时，热电动势才是被测温度的单值函数。我们经常使用的分度表及显示仪表，都是以热电偶参考端为 0℃ 为先决条件的。但在实际使用中，因热电偶长度受到一定限制，参考端温度直接受到被测介质与环境温度的影响，不仅难于保持 0℃，而且往往是波动的，无法进行参考端温度修正。因此，要把变化很大的参考端温度恒定下来，要进行冷端补偿。通常采用补偿导线法和参考端温度恒定法。

7. 热电偶温度计与应变计的工作原理有什么差异？

答：热电偶温度计基于热电效应，属于物性型，能量转换型。

应变计基于应变效应，属于结构性，能量控制型。

8. 测量温度的金属热电阻应具有什么特性？有哪些常用的材料？

答：

（1）温度系数 α 的值要大。温度系数越大，灵敏度越高。纯金属的温度系数比合金要高。一般使用纯金属。

（2）其材料的物理、化学性质应稳定。

（3）电阻温度系数要保持常数。

（4）具有较高的电阻率。可以减少热电阻体积和热惯性。

（5）材料容易提纯，确保较好的复制性。

满足以上要求的材料有铂、铜、铁和镍，其中铂和铜应用较广。

12.5 计算与应用题

1. 标准电极定律有何实际意义？已知在某特定条件下材料 A 与铂电阻配对的热电动势为 13.967mV，材料 B 与铂配对的热电动势为 8.345mV，求出在此条件下材料 A 与材料 B 配对后的热电动势。

知识点：如果已知热电偶的两个电极 A、B 分别与另一电极 C 组成的热电偶的热电动势为 $E_{AC}(T, T_0)$ 和 $E_{BC}(T, T_0)$，则在相同接点温度 (T, T_0) 下，由 A、B 电极组成的热电偶的热电动势 $E_{AB}(T, T_0)$ 为

$$E_{AB}(T, T_0) = E_{AC}(T, T_0) - E_{BC}(T, T_0)$$

这一规律称为标准电极定律，电极 C 称为标准电极。标准电极定律使得热电偶电极的选配提供了方便。在工程测量中，由于纯铂丝的物理化学性能稳定，熔点较高，易提钝，所以目前常将纯铂丝作为标准电极。

解：材料 A 与材料 B 配对后的热电动势为

$$E_{AB}(T, T_0) = E_{AC}(T, T_0) - E_{BC}(T, T_0) = 13.967 - 8.345\text{mV} = 5.622\text{mV}$$

2. 热敏电阻的电阻值 $R_\theta(\Omega)$ 与被测量温度 $\theta(K)$ 之间的关系为

$$R_\theta = 0.0585\exp\left(\frac{3260}{\theta}\right)$$

用这个热敏电阻和三个电阻组成电桥，如图 12-1 所示，其中 $R_2 = R_\theta$。要求该电路的测量范围为 0~50℃，相应的输出电压为 0~5V，并且输出与输入之间的关系尽可能近似于线性。拟设计一个输出端对称电桥，试确定三个电阻的阻值和电源电压 u_0。

知识点：直流电压桥全桥的输出电压为

$$u_{BD} = u_0 \frac{R_1 R_3 - R_2 R_4}{(R_1 + R_2)(R_3 + R_4)}$$

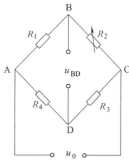

图 12-1 热敏电阻和三个电阻组成的电桥

解：为了输出与输入之间的关系尽可能近似于线性，令量程的端点和中点保持线性。热敏电阻在这三点的电阻分别为

$$R_0 = 0.0585\exp\left(\frac{3260}{273}\right)\Omega = 8979\Omega$$

$$R_{25} = 0.0585\exp\left(\frac{3260}{25+273}\right)\Omega = 3297\Omega$$

$$R_{50} = 0.0585\exp\left(\frac{3260}{50+273}\right)\Omega = 1414\Omega$$

热敏电阻在 25℃ 和 50℃ 的电阻变化量分别为

$$\Delta R_{25} = R_{25} - R_0 = (3297 - 8979)\Omega = -5682\Omega$$

$$\Delta R_{50} = R_{50} - R_0 = (1414 - 8979)\,\Omega = -7565\,\Omega$$

电桥的输出电压为

$$u_{BD} = u_0 \frac{R_1 R_3 - R_2 R_4}{(R_1 + R_2)(R_3 + R_4)} = u_0 \frac{-\Delta R_2 R_4}{(R_1 + R_2)(R_3 + R_4)}$$

由电桥输出端对称，即 $R_1 = R_4$，$R_3 = R_0$，R_θ 阻值随温度变化时，输出电压可写成

$$u_{BD} = u_0 \frac{-\Delta R_2 R_1}{(R_1 + R_2)(R_0 + R_1)}$$

分别代入 25℃ 和 50℃ 时的热敏电阻和输出电压值，有

$$\frac{5682 R_1}{(R_1 - 5682 + 8979)(8979 + R_1)} u_0 = \frac{5682 R_1}{(R_1 + 3297)(8979 + R_1)} u_0 = 2.5\text{V}$$

$$\frac{7565 R_1}{(R_1 - 7565 + 8979)(8979 + R_1)} u_0 = \frac{7565 R_1}{(R_1 + 1414)(8979 + R_1)} u_0 = 5\text{V}$$

解方程组，得

$$R_1 = 2337\,\Omega \quad u_0 = 12\text{V}$$

于是，三个电阻分别为 $R_1 = R_4 = 2337\,\Omega$，$R_3 = 8979\,\Omega$，电源电压为 12V。

3. 一个铂热电阻应用于 0~200℃ 的范围，其电阻值 $R_T(\Omega)$ 与温度 $t(℃)$ 之间的关系为 $R_T = R_0(1 + At + Bt^2)$。已知该热电阻的电阻比 $W(100) = 1.3910$，$R_0 = 100\,\Omega$。在 $t = 200$ ℃ 测得 $R_{200} = 177.03\,\Omega$。试确定系数 A，B 的值，以及当 $t = 100$℃ 时的线性误差。

知识点：电阻比是表征其性能一个非常重要的指标，通常用 $W(100)$ 表示。即

$$W(100) = \frac{R_{100}}{R_0}$$

式中，R_{100} 为 100℃ 时的电阻值；R_0 为 0℃ 时的电阻值。

解：当 $t = 100$℃ 时，有

$$R_{100} = W(100) R_0 = 1.3910 \times 100\,\Omega = 139.1\,\Omega$$

把已知数据代入电阻与温度的关系式，有

$$139.10 = 100(1 + 100A + 100^2 B)$$

$$177.03 = 100(1 + 200A + 200^2 B)$$

解方程组，得

$$A = 3.97 \times 10^{-3}℃^{-1} \quad B = -5.85 \times 10^{-7}℃^{-2}$$

100℃ 时，热电阻的线性值

$$R'_{100} = \frac{R_0 + R_{200}}{2} = \frac{100 + 177.03}{2}\,\Omega = 138.515\,\Omega$$

这时，线性误差为

$$\gamma = \frac{R_{100} - R'_{100}}{R_{200} - R_0} = \frac{139.10 - 138.515}{177.03 - 100} = 0.0076 = 0.76\%$$

4. 图 12-2 所示为三线热电阻电桥电路，其中 R_T 为一个铂热电阻；R_{L1}、R_{L2} 和 R_{L3} 分别为导线电阻。在 0℃ 时，热电阻的电阻为 100Ω，并且电桥处于平衡状态。已知电阻 $R_1 = R_3 = R_4 = 100\Omega$；电源电压 $u_0 = 6$V，输出电压 $u_{BD} = -1$V。如果忽略导线的电阻，导线的电阻

值均为2Ω，试求热电阻的电阻值。

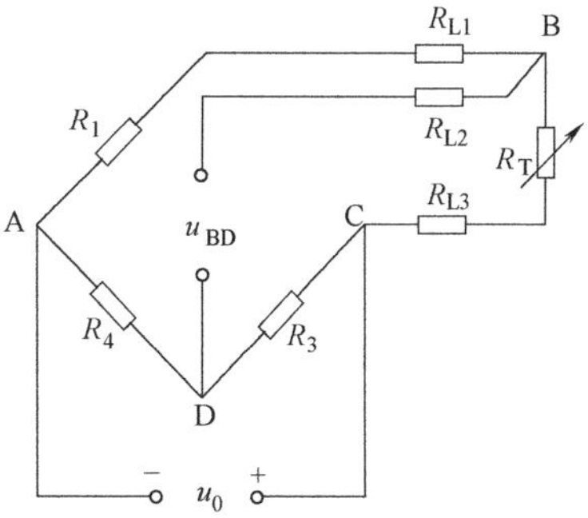

知识点：直流电压桥全桥的输出电压

$$u_{BD} = u_0 \frac{R_1 R_3 - R_2 R_4}{(R_1 + R_2)(R_3 + R_4)}$$

图 12-2　三线热电阻电桥电路

解：

（1）忽略导线的电阻，电桥的输出电压的公式为

$$u_{BD} = \frac{R_1 R_3 - R_T R_4}{(R_1 + R_T)(R_3 + R_4)} u_0$$

对应代入数值，有

$$-1 = \frac{100 \times 100 - R_T \times 100}{(100 + R_T)(100 + 100)} \times 6$$

解得

$$R_T = 200\Omega$$

（2）同理，电桥的输出电压

$$u_{BD} = \frac{(R_1 + R_{L1})R_3 - (R_T + R_{L3})R_4}{(R_1 + R_{L1} + R_T + R_{L3})(R_3 + R_4)} u_0$$

对应代入数值，有

$$-1 = \frac{(100 + 2)100 - (R_T + 2)100}{(100 + 2 + R_T + 2)(100 + 100)} \times 6$$

解得

$$R_T = 202\Omega$$

12.6　判断单选填空题答案

12.6.1　判断题答案

1. 对；2. 对；3. 错；4. 对；5. 错；6. 对；7. 对；8. 对

12.6.2　单选题答案

1. B；2. A；3. A；4. A；5. D

12.6.3　填空题答案

1. 接触，非接触

2. 摄氏，华氏，热力学

3. 100℃，纯度

第13章

流体参数的测量

13.1 判断题

1. 波纹管作为压力敏感元件，使用时应将开口端焊接于固定基座上并将被测流体通入管内。在流体压力的作用下，密封的自由端会产生一定的位移。在波纹管弹性范围内，自由端的位移与作用压力呈线性关系。（　　）

2. 差压式流量计的工作原理是在管道中设置节流元件，使流体在流过节流元件时产生节流现象，在节流元件两侧形成温度差，通过测此温度差信号来实现对流量的测量。（　　）

3. 常用的节流装置有标准孔板、喷嘴和文丘里管等。孔板的净压损失 δp 最大，文丘里管由于内表面呈流线型与流束趋向一致，所以净压损失 δp 最小，而喷嘴的 δp 值则介于两者之间。（　　）

4. 靶式流量计与差压式流量计相比，它的流量系数 K_α 趋于常数时对应的临界雷诺数较小，因此适于测量黏度较小的流体。（　　）

5. 涡轮流量计是一种速度式流量计，将一个涡轮置于被测流体中，流体冲涡轮叶片转动，涡轮转速随体积流量的变化而变化，所以由涡轮的转速即可求出体积流量。（　　）

6. 椭圆齿轮流量计是借助于压力差来计量流量的，黏度变化会引起泄漏量的变化，因此椭圆齿轮流量计计量流量与流体的流动状态及黏度有关。（　　）

7. 由于风速计是根据金属丝电加热，再由流体"制冷"的原理制成的，因此要求金属丝的电阻温度系数要高。又由于金属丝要经受流速的冲击，因而希望机械强度要好。（　　）

8. 激光多普勒测速计是利用激光多普勒效应来测量流体运动速度的。（　　）

13.2 单选题

1. 涡轮流量计的输出一般与（　　）连接。

（A）电压表　　　（B）电流表　　　（C）A/D 转换器　　　（D）计数器

2. 使用涡轮流量计测量流量，其输出信号的（　　）与流量成正比。

（A）电压　　　　（B）电流　　　　（C）脉冲数　　　　（D）脉冲频率

3. 用差压式流量计测量流量，下面叙述中错误的是（　　）。

（A）流量与最小过流面积成正比

（B）流量与流量系数成正比

（C）流量与流量计两端的压强差成正比

（D）流量与流体压缩系数成正比

4. 在下列流量计中采用应变计输出流量信号的是（　　）流量计。

（A）涡轮式　　　　（B）椭圆齿轮　　　（C）压差式　　　　　（D）靶式

5. 在下列弹性元件压强传感器中，（　　）适用于动态压强测量。

（A）波登管　　　　（B）波纹管　　　　（C）膜片　　　　　　（D）以上都不适用

6. 下列各组流量计中，适于根据旋转部件转速确定体积流量的是（　　）。

（A）椭圆齿轮流量计，转子流量计，涡轮流量计

（B）腰轮转子流量计，转子流量计，涡轮流量计

（C）椭圆齿轮流量计，腰轮转子流量计，转子流量计

（D）涡轮流量计，椭圆齿轮流量计，腰轮转子流量计

7. 流体压力测量传感器中常采用的弹性式压力敏感元件有（　　）三类。

（A）波登管、膜片和双金属片

（B）波纹管、膜片和八角环

（C）波登管、膜片和C形弹簧

（D）波登管、膜片和波纹管

13.3　填空题

1. 波登管是测量（　　　　　　）的传感器。

2. （　　　　　　）是通过细金属丝内的加热电流测量风速的仪表。

3. 流体阻力式流量计主要有（　　　　　）和（　　　　　）两种。

13.4　简答题

1. 简述液位测量方法。

答：机电测量法：把用机械法获得的液面位移转换成电量进行传送和处理。

电容测量法：用电容探头感受液面位移，电容变化量与液位呈线性关系。

超声测量法1：被测物体使声波短路、断路或使振荡器频率改变、停振而在液位的定点发出信号。

超声测量法2：使发生器发出声波信号，经液面反射后由接收器接收，通过声波返回的时间测量液面高度。

放射性同位素测量法：射线经过被测液体时会被吸收一部分使接收器接收的射线强度发生变化。

2. 简述转子流量计的工作原理。

答：转子（浮子）置于倒立的锥形管中，流体自下而上流过转子。转子所受浮力和流体的拖动力与重力平衡，其垂直方向的位置随流量变化。转子在流体冲击下旋转（或者由导向杆导向），沿锥管中心线移动。

3. 分析椭圆齿轮流量计的测量误差及造成误差的原因。为了减小误差，测量时应注意什么问题？

答：流体的黏度变化会引起泄漏量的变化，泄漏过大将影响测量精度。只要保证椭圆齿轮的加工精度、各运动部件的紧密配合、使用中不腐蚀和磨损，便可得到很高的测量精度。

当通过流量计的流量为恒定时，椭圆齿轮一周的转速是变化的。由于角速度的脉动，只能测量整数圈的平均转速来确定平均流量。

由机械计数器同秒表配合，可测出平均流量。但由于用秒表测量的人为误差大，因此测量精度较低。现在大多数椭圆齿轮流量计的外伸轴都带有测速发电机或光电测速盘，同二次仪表相连，可准确地显示出平均流量和累积流量。

4. 试述热线风速仪的测量原理。

答：热线风速计是放置在流场中，通过细金属丝内的加热电流测量风速的仪器。由于金属丝中通过加热电流，因而当风速变化时，金属丝的温度就随之变化，从而产生了电信号。因为电信号和风速之间具有一一对应关系，所以测出这个电信号就等于测出了风速。

13.5　计算与应用题

1. 压强传感器的灵敏度为 2.5mV/MPa，传感器的输出阻抗为 250Ω，现把它与内阻为 660Ω 的微安表串联，已知微安表的灵敏度是 10 格/μA，当微安表指示 80 格时，被测压强是多少？

知识点：$U = IR$

解：微安表输入电流

$$I = \frac{80}{10}\mu\text{A} = 8\mu\text{A}$$

输出电压

$$U = (250 + 660) \times 0.008\text{mV} = 7.28\text{mV}$$

被测压强

$$p = \frac{7.28\text{mV}}{2.5\text{mV/MPa}} = 2.912\text{MPa}$$

2. 椭圆齿轮流量计的排量 $q = 8 \times 10^{-5} \text{m}^3/\text{r}$，若齿轮转速 $n = 80\text{r/s}$，求每小时流体的排量。

知识点：通过椭圆齿轮流量计的流量为 $Q = qn$

解：

$$Q = tqn = 3600 \times 8 \times 10^{-5} \times 80\text{m}^3 = 23.04\text{m}^3$$

3. 水以 1.417m/s 的速度流动，用皮托管和装有相对密度为 1.25 的液体 U 形管压强计来测量。问压强计液体高度差。

知识点：皮托管测速的理论公式为

$$v = \sqrt{\frac{2(p_0 - p)}{\rho}} = \sqrt{\frac{2}{\rho}\Delta p}$$

解：

$$p_0 - p = \frac{\rho_0 v^2}{2} = \rho g \Delta h$$

$$\Delta h = \frac{\rho_0 v^2}{2g\rho} = \frac{1 \times 1.417^2}{2 \times 9.8 \times 1.25}\text{m} = 0.082\text{m}$$

4. 使用图 13-1a 所示的电容式液位传感器测量液罐中的液位，被测范围是 0~7m。传感器的总高 $h = 8\text{m}$，外、内筒式电极的直径比 $b/a = 2$。液体的相对介电常数 $\varepsilon = 2.4$，自由空间介电常数 $\varepsilon_0 = 8.85 \times 10^{-12}\text{F/m}$。把电容传感器接入电桥，如图 13-1b 所示，其中 $R_1 = 10\text{k}\Omega$，$R_2 = 100\Omega$，电源电压 $u_0 = 15\text{V}$。

（1）为了使液罐空置时的电桥输出电压 $u = 0$，确定电容 C_1 的值。

（2）试计算电桥在最高液位时的输出电压。

（3）为什么输出电压与液位存在非线性关系？试计算 $x = 3.5\text{m}$ 时的线性误差。

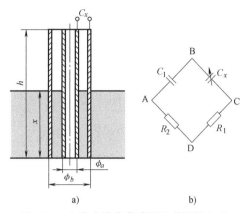

图 13-1　电容式液位传感器及其组桥方式

知识点：

（1）圆筒电容公式为

$$C_0 = \frac{2\pi\varepsilon\varepsilon_0 h}{\ln\dfrac{b}{a}}$$

式中，ε 为极板的相对介电常数；ε_0 为真空的介电常数；h 为圆筒高度；a、b 为内筒和外筒直径。

（2）电容电阻复阻抗为

$$Z = \frac{R}{1 + \text{j}\omega RC}$$

交流电压桥输出电压为

$$u = \frac{\vec{Z_1}\vec{Z_3} - \vec{Z_2}\vec{Z_4}}{(\vec{Z_1} + \vec{Z_2})(\vec{Z_3} + \vec{Z_4})}$$

解：（1）液罐空置时，电容为

$$C_0 = \frac{2\pi\varepsilon_0 h}{\ln\dfrac{b}{a}} = \frac{2 \times 3.14 \times 8.85 \times 10^{-12} \times 8}{\ln 2}\text{F} = 642 \times 10^{-12}\text{ F} = 642\text{pF}$$

根据电桥的平衡条件

$$\frac{C_1}{R_1} = \frac{C_0}{R_2}$$

有

$$C_1 = \frac{R_1 C_0}{R_2} = \frac{10000 \times 642}{100}\text{pF} = 64.2 \times 10^3\text{pF} = 64.2\text{nF}$$

（2）传感器的电容与液位的关系式为

$$C_x = \frac{2\pi\varepsilon\varepsilon_0 x + 2\pi\varepsilon_0(h-x)}{\ln\dfrac{b}{a}} = C_0\left[\frac{x(\varepsilon-1)}{h}+1\right]$$

代入 $x=7$，有

$$C_x = C_0\left[\frac{7\times(2.4-1)}{8}+1\right] = 2.225C_0$$

注意到 C_1、C_x 与 C_0 的关系，计算电桥在最高液位的输出电压

$$u_h = u_0\frac{\dfrac{R_1}{C_1}-\dfrac{R_2}{C_x}}{(R_1+R_2)\left(\dfrac{1}{C_1}+\dfrac{1}{C_x}\right)} = u_0\frac{R_1C_x - R_2C_1}{(R_1+R_2)(C_x+C_1)} = u_0\frac{R_1(2.225-1)}{(R_1+R_2)(2.225+100)}$$

$$= 15\frac{10000\times(2.225-1)}{(10000+100)(2.225+100)}\text{V} = 0.178\text{V}$$

（3）因为单臂工作的电桥有非线性，所以输出电压有线性误差。

当 $x=3.5\text{m}$ 时，传感器的电容为

$$C_x = C_0\left[\frac{3.5\times(2.4-1)}{8}+1\right] = 1.6125C_0$$

电桥的输出电压为

$$u_x = u_0\frac{R_1(1.6125-1)}{(R_1+R_2)(1.6125+100)} = 15\frac{10000\times(1.6125-1)}{(10000+100)(1.6125+100)}\text{V} = 0.0895\text{V}$$

线性误差为

$$\gamma = \frac{u_x - u_h\dfrac{3.5}{7}}{u_h} = \frac{u_x}{u_h}-0.5 = \frac{0.0895}{0.178}-0.5$$

$$= 0.0028 = 0.28\%$$

5. 用应变计测量水泵输入轴的扭矩，应如何布片和组桥，要求电桥的灵敏度最高并消除附加弯曲和拉、压载荷的影响。已知输入轴直径 $d=24\text{mm}$，弹性模量 $E=2\times10^5\text{MPa}$，泊松比 $\mu=0.28$，转速 $n=2900\text{r/min}$。水泵的额定流量为 $Q=12.5\text{m}^3/\text{h}$，扬程为 $H=50\text{m}$。若测得应变读数为 $110\mu\varepsilon$，试求水泵的效率。

知识点：在轴上与轴线成 $\pm45°$ 方向粘贴应变计，组成全桥，扭矩计算公式为

$$T = 0.2d^3\frac{E\varepsilon_{45}}{1+\mu}$$

解：布片和组桥方式如图 8-1 所示。输入轴的扭矩为

$$T = 0.2d^3\frac{E\varepsilon_{45}}{1+\mu}$$

$$= 0.2\times0.024^3\times\frac{2\times10^5\times10^6\times110\times10^{-6}/4}{1+0.28}\text{N}\cdot\text{m} = 11.9\text{N}\cdot\text{m}$$

输入功率为

$$P_i = T\omega = T\frac{2\pi n}{60} = \frac{11.9 \times 2 \times 3.14 \times 2900}{60}W = 3612W$$

输出功率为

$$P_o = FH = M_g H = \rho Q g H = \frac{12.5}{3600} \times 50 \times 9.8 \times 10^3 \ W = 1701W$$

水泵的效率为

$$\eta = \frac{P_o}{P_i} = \frac{1701}{3612} = 0.47 = 47\%$$

13.6　判断单选填空题答案

13.6.1　判断题答案

1. 对；2. 错；3. 对；4. 错；5. 对；6. 错；7. 对；8. 对

13.6.2　单选题答案

1. D；2. D；3. C；4. D；5. C；6. D；7. D

13.6.3　填空题答案

1. 压强

2. 热线风速计

3. 转子流量计（浮子流量计）、靶式流量计

自测试卷及答案

第14章

自 测 试 卷

14.1 自测试卷试题一及答案

14.1.1 自测试卷试题一

1. 单项选择题 （每题 2 分，共 10 题，共计 20 分）

（1）已知一个线性系统的与输入 $x(t)$ 对应的输出为 $y(t)$，若要求该系统的输出为

$$u(t) = k_p \left[y(t) + \frac{1}{T_i} \int_0^t y(t) \mathrm{d}t + T_d \frac{\mathrm{d}y(t)}{\mathrm{d}t} \right] \quad (k_p、T_i、T_d 为常数)，那么相应的输入函数应为$$

（　　）。

   （A）$k_p \left[x(t) + \dfrac{1}{T_i} \int_0^t x(t) \mathrm{d}t + T_d \dfrac{\mathrm{d}x(t)}{\mathrm{d}t} \right]$

   （B）$k_p \left[x(t) + \dfrac{T_d}{T_i} \right]$

   （C）$k k_p \left[x(t + t_0) + \dfrac{1}{T_i} \int_0^t x(t) \mathrm{d}t + T_d \dfrac{\mathrm{d}x(t)}{\mathrm{d}t} \right] \quad (k、t_0 为常数, t_0 \neq 0)$

   （D）$\dfrac{k_p}{k} \left[x(t) + \dfrac{1}{T_i} \int_0^t x(t) \mathrm{d}t + T_d \dfrac{\mathrm{d}x(t)}{\mathrm{d}t} \right]$

（2）正弦波 $y(t)$ 的幅值被时域信号 $x(t)$ 调制，若它们相应的频域描述分别为 $Y(f)$、$X(f)$，那么调制后信号的频域描述为 （　　）。

   （A）$X(f) \times Y(f)$ （B）$X(f) + Y(f)$

   （C）$X(f) * Y(f)$ （D）$X(f) - Y(f)$

（3）如果多次重复测量时存在恒值系统误差，那么下列结论中不正确的是 （　　）。

   （A）测量值的算术平均值中包含恒值系统误差

   （B）偏差核算法中，前后两组的离差和的差值显著地不为零

   （C）修正恒值系统误差的方法是引入与其大小相等，符号相反的修正值

   （D）恒值系统误差对离差的计算结果不产生影响

（4）对于二阶系统，用相频特性 $\varphi(\omega) = -90°$ 所对应的频率 ω 估计系统的固有角频率 ω_n，该 ω_n 值与系统阻尼比的大小 （　　）。

   （A）无关   （B）依概率完全相关

（C）依概率相关 （D）呈线性关系

（5）传感器的滞后表示校准曲线（ ）的程度。

（A）接近真值 （B）偏离其拟合直线

（C）加载和卸载时不重合 （D）在多次测量时重复

（6）在位移测量中，（ ）传感器适用于非接触测量，而且不宜受油污等介质影响。

（A）电容 （B）压电 （C）电阻 （D）电涡流

（7）下列（ ）传感器都是把被测量变换为电动势输出的。

（A）热电偶、电涡流、电阻应变

（B）热电偶、霍尔、半导体气敏传感器

（C）硅光电池、霍尔、磁电

（D）压电、霍尔、电感

（8）用镍铬-镍硅热电偶测量炉温时，冷端温度为 $T_0 = 30℃$，测得热电动势 $E(T, T_0) = 39.2mV$。由热电偶分度表查得 $E(30, 0) = 1.2mV$。这时比较准确的炉温是热电偶分度表中与（ ）对应的温度值。

（A）40.4mV （B）38.0mV （C）39.2mV （D）1.2mV

（9）下列各组流量计中，适于根据旋转部件转速确定体积流量的是（ ）。

（A）椭圆齿轮流量计，转子流量计，涡轮流量计

（B）腰轮转子流量计，转子流量计，涡轮流量计

（C）椭圆齿轮流量计，腰轮转子流量计，转子流量计

（D）涡轮流量计，椭圆齿轮流量计，腰轮转子流量计

（10）为使信号电缆的长短不影响压电传感器的测量精度，传感器的放大电路应选用（ ）放大器。

（A）电压 （B）电荷 （C）功率 （D）积分

2. 填空题（每空1分，共5题，共计5分）

（1）被测量的噪声源停止发生时，周围环境的噪声称为（ ）。

（2）光栅测量的基本原理是利用光栅的（ ）现象。

（3）为了减小负载误差，放大器的输入阻抗一般是很（ ）的。

（4）测量转轴扭矩时，应变计应安装在与轴中心线成（ ）的方向上。

（5）设计滤波器时，必须指明滤波器的种类、（ ）、逼近方式和阶数。对于某些逼近方式，还要指明通带或阻带的波纹。

3. 判断题（每题1分，共5题，共计5分）

（1）随机误差的大小决定测量数值的精密度。（ ）

（2）互相关系数是在时域描述两个信号之间相关程度的无量纲的函数。（ ）

（3）相干波是指两个具有相同频率和相位差固定的波。（ ）

（4）对于被测量的线性系统，如果惯性式传感器的质量不可忽略，那么该系统的固有频率比没有附加质量时有所降低。（ ）

（5）若采样频率不大于被测信号中最高频率的2倍，则采样后的信号就会发生泄露现象。（ ）

4. 简答题（每题 6 分，共 5 题，共计 30 分）

（1）瞬变信号的频谱与周期信号的频谱有何相同点和不同点？

（2）如何确定信号中是否含有周期成分（说出两种方法）？

（3）已知振动加速度测量系统的框图如图 14-1 所示。

图 14-1　振动加速度测量系统的框图

当振动加速度变化规律为 $x(t) = A\sin\omega t$，并且 ω 不超出系统的测量范围，试说明如何确定测量的动态误差。

（4）在数字化处理过程中，什么是泄漏？为什么会产生泄漏？如何减少泄漏？

（5）简述热电偶的测温原理。

5. 计算题（每题 10 分，共 2 题，合计 20 分）

（1）设一振动体做简谐振动，振动频率为 20Hz。如果它的位移幅值是 1mm，求其速度幅值和加速度幅值。

（2）已知系统的脉冲响应函数 $h(t) = \begin{cases} 1, & |t| \leqslant T/2 \\ 0, & |t| > T/2 \end{cases}$，设输入功率谱密度为 S_0 的白噪声，

求输出信号的功率谱密度，输出信号的均方值。$\left(\int_0^{+\infty} \dfrac{\sin^2 x}{x^2} \mathrm{d}x = \dfrac{\pi}{2} \right)$

6. 综合应用题（每题 10 分，合计 20 分）

（1）一等强度梁上、下表面贴有若干参数相同的应变计，如图 14-2 所示。已知等强度梁特性常数 $A = 5\mu\varepsilon/\mathrm{N}$，材料的泊松比为 0.25，若悬臂梁端点载荷 $F = 20\mathrm{N}$，试根据图 14-3 中的组桥方式（R_0 为标准电阻），填写静态应变测量时的仪器读数（$\mu\varepsilon$）。

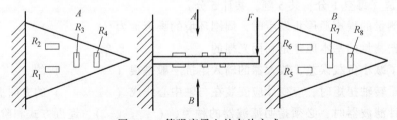

图 14-2　等强度梁上的布片方式

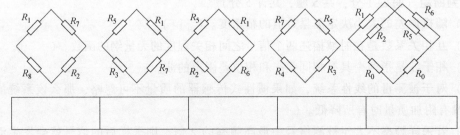

图 14-3　等强度梁上应变计的组桥方式

（2）矩形横截面的发动机连杆承受拉力 F，示意图如图 14-4 所示。为了测量拉力，如何布片组桥才能消除加载偏心和温度变化的影响，并有最大可能的灵敏度？

已知最大负荷 $N_{max} = 10kN$，电桥的供桥电压 $U_0 = 12V$，材料的弹性模量 $E = 2 \times 10^5 MPa$，泊松比 $\mu = 0.25$，连杆的横截面积 $A = 100mm^2$，应变计的灵敏度系数 $K = 2$，该电桥的最大输出电压是多少？

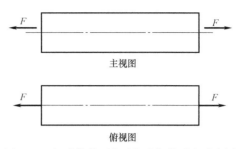

图 14-4 矩形横截面发动机连杆的受力示意图

现有数据采集器的输入范围为 ±5V，拟在测量电桥和数据采集器之间配置直流放大器，试确定放大器的增益。

14.1.2 自测试卷试题一解答

1. 单选题答案

（1）A；（2）C；（3）B；（4）A；（5）C；（6）D；（7）C；（8）A；（9）D；（10）B

2. 填空题答案

（1）本底噪声

（2）莫尔条纹

（3）高（大）

（4）±45°

（5）截止频率

3. 判断题答案

（1）对；（2）对；（3）错；（4）对；（5）错

4. 简答题答案

（1）答：瞬变信号的幅值频谱 $|X(f)|$ 与周期信号的幅值频谱 $|C_n|$ 均为幅值频谱；但 $|C_n|$ 的量纲与信号幅值的量纲一样，$|X(f)|$ 的量纲与信号幅值的量纲不一样，它是单位频宽上的幅值。

瞬变信号的频谱具有连续性和衰减性；周期信号的频谱具有离散性、谐波性、收敛性。

（2）答：作信号的自相关函数，当延时增大时，含有周期成分的信号的幅值不衰减；作信号的概率密度函数，含有周期成分时，曲线呈盆形。

（3）答：该振动加速度测量系统为串联系统，所以系统的传递函数为

$$H(s) = H_1(s) \times H_2(s) \times H_3(s)$$

令 $s = j\omega$，得频响函数 $H(j\omega)$，其幅频特性为 $A(\omega) = |H(j\omega)|$。

幅值误差为

$$r = A(\omega)/A_0 - 1$$

相位差为

$$\varphi(\omega) = \angle H(j\omega)$$

（4）**答**：由于时域上的截断而在频域上出现附加的频率分量的现象称为泄漏。

由于窗函数的频谱是一个无限带宽的函数，即使是带限信号，在截断后也必然成为无限带宽的信号，所以会产生泄漏现象。

为了减少泄漏，应该尽可能寻找频域中接近单位脉冲函数的窗函数，即主瓣窄，旁瓣小的窗函数。

（5）**答**：两种不同的导体 A 和 B，组成闭合回路，当两接点的温度不等（$T > T_0$）时，回路中就会产生电动势，称为温差电效应，即热电效应。工作端即热端温度为 T，测量时自由端即冷端温度 T_0 应保持恒定。

热电偶产生的热电动势 $E_{AB}(T, T_0)$ 由两种导体的接触电动势 E_{AB} 和单一导体的温差电动势 E_A 和 E_B 所形成。

5. 计算题答案

（1）**解**：假设简谐振动位移表达式为 $x(t) = A\sin(\omega t)$，其幅值为 $A = 1\mathrm{mm}$。

速度为

$$v(t) = \frac{\mathrm{d}x}{\mathrm{d}t} = A\omega\cos(\omega t)$$

其幅值为

$$A\omega = 10^{-3} \times 2\pi f = 10^{-3} \times 3.14 \times 2 \times 20\,\mathrm{m/s} = 0.126\,\mathrm{m/s}$$

加速度为

$$a(t) = \frac{\mathrm{d}^2 x}{\mathrm{d}t^2} = -A\omega^2\sin(\omega t)$$

其幅值为

$$A\omega^2 = 10^{-3} \times (2\pi \times 20)^2 = 10^{-3} \times (2 \times 3.14 \times 20)^2\,\mathrm{m/s^2} = 15.8\,\mathrm{m/s^2}$$

（2）**解**：

1）输入功率谱密度为 S_0 的白噪声，所以输入信号的功率谱为 $S_x(f) = S_0$。

脉冲响应函数 $h(t) = \begin{cases} 1, & |t| \leqslant T/2 \\ 0, & |t| > T/2 \end{cases}$ 的频谱函数，即系统频响函数为

$$H(f) = \int_{-\infty}^{+\infty} h(t)\mathrm{e}^{-\mathrm{j}2\pi ft}\mathrm{d}t = \int_{-T/2}^{T/2} \mathrm{e}^{-\mathrm{j}2\pi ft}\mathrm{d}t = 2\int_0^{T/2}\cos 2\pi ft\,\mathrm{d}t$$

$$= T\frac{\sin\pi fT}{\pi fT} = T\mathrm{sinc}(\pi fT)$$

输出信号功率谱密度为

$$S_y(f) = |H(f)|^2 S_x(f) = |T\mathrm{sinc}(\pi fT)|^2 S_0 = T^2 S_0[\mathrm{sinc}(\pi fT)]^2$$

2）输出信号的均方值为

$$\psi_y^2 = \lim_{T \to +\infty} \frac{1}{T}\int_0^T y^2(t)\,\mathrm{d}t = R_y(0) = \int_{-\infty}^{+\infty} S_y(f)\,\mathrm{d}f = \int_{-\infty}^{+\infty} T^2 S_0[\mathrm{sinc}(\pi fT)]^2\,\mathrm{d}f$$

$$= T^2 S_0\int_{-\infty}^{+\infty}\frac{\sin^2(\pi fT)}{(\pi fT)^2}\,\mathrm{d}f = \frac{T^2 S_0}{\pi T}\int_{-\infty}^{+\infty}\frac{\sin^2(\pi fT)}{(\pi fT)^2}\mathrm{d}(\pi fT) = \frac{TS_0}{\pi}\pi = TS_0$$

6. 综合应用题答案

（1）**解**：

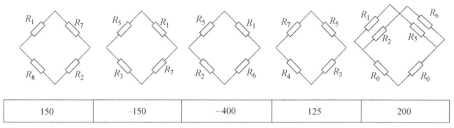

150	−150	−400	125	200

图 14-5　等强度梁上应变计的组桥方式的输出应变值（$\mu\varepsilon$）

（2）**解：** 布片组桥如图 14-6 所示。

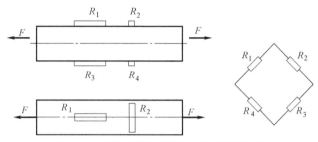

图 14-6　对发动机连杆的布片和组桥方式

应变为

$$\varepsilon = \frac{F}{EA} = \frac{10000}{2 \times 10^{11} \times 100 \times 10^{-6}} = 500 \times 10^{-6}$$

电桥输出电压为

$$U_{输出} = \frac{U_0}{4} K 2(1+\mu)\varepsilon = \frac{12}{4} \times 2 \times 2 \times (1+0.25) \times 500 \times 10^{-6} \text{V}$$
$$= 7.5 \times 10^{-3} \text{V} = 7.5 \text{mV}$$

放大器的增益为

$$G = 5/(7.5 \times 10^{-3}) = 667$$

或

$$G_{\text{dB}} = 20 \lg 667 = 56.5 \text{dB}$$

14.2　自测试卷试题二及答案

14.2.1　自测试卷试题二

1. 单项选择题（每题 2 分，共 10 题，合计 20 分）

（1）（　　）属于能量信号。

　　（A）周期信号　　　（B）常值信号　　　（C）瞬变信号　　　（D）阶跃信号

（2）（　　）是指测试系统能检测到的最小输入量变化的能力。

　　（A）精度　　　　　（B）灵敏度　　　　（C）精密度　　　　（D）分辨力

（3）二阶测试系统引入合适的阻尼目的是（　　）。

（A）使系统不发生共振　　　　　　（B）使得读数稳定

（C）获得较好的幅频、相频特性　　（D）保护二阶系统

(4) 半导体应变片在外力的作用下引起电阻变化的主要因素是（　　）。

（A）长度　　　　（B）截面积　　　　（C）电阻率　　　　（D）磁导率

(5) 下列（　　）传感器都是把被测量变换为电动势输出的。

（A）硅光电池、霍尔、热电偶

（B）磁电、霍尔、半导体气敏传感器

（C）热电偶、电涡流、电阻应变

（D）压电、霍尔、电感式

(6) 恒值系统误差对测量数据的（　　）没有影响。

（A）均值　　　　（B）标准差　　　　（C）中位数　　　　（D）众数

(7) 对于应变计电桥温度补偿的条件，以下说法错误的是（　　）。

（A）工作片和补偿片完全相同

（B）工作片和补偿片粘贴在完全相同材料的试件上

（C）工作片和补偿片放在相同温度场中

（D）工作片和补偿片接在相对桥臂

(8) 下列（　　）不是光栅式传感器的结构组成部分。

（A）光栅副　　　（B）光电元件　　　（C）凸透镜　　　（D）光阑板

(9) 六码道编码盘的角度分辨率为（　　）。

（A）11.25°　　　（B）22.5°　　　（C）11.5°　　　（D）5.625°

(10) 在热电偶回路中，接入导线和测量仪表并不影响输出是应用了热电偶的（　　）。

（A）中间温度定律　　　　　　　　（B）中间导体定律

（C）标准电极定律　　　　　　　　（D）温度补偿定律

2. 填空题（每空 1 分，共 5 题，合计 5 分）

(1) 若 $F[x(t)]=X(f)$，则 $F[x(3t)+\delta(t-5)]=$（　　　　）。

(2) 如果平稳随机过程的每个时间历程的平均统计特征均相同，且等于（　　　　），则该过程称为各态历经过程。

(3) 若信号满足关系式 $y(t)=kx(t)$（k 为不为零的常数），则 $x(t)$ 和 $y(t)$ 的互相关系数为（　　　　）。

(4) 半导体材料的 PN 结受到光照后产生一定方向的电动势的效应，称为（　　　　）效应。

(5) 倍频程滤波器，如果其下限截止频率 $f_{c1}=500\mathrm{Hz}$，则上限截止频率为（　　　　）。

3. 判断题（每空 1 分，共 5 题，合计 5 分）

(1) 金属或半导体薄片置于磁场中，当有电流流过时，在垂直于电流和磁场的方向上将产生电动势，这种物理现象称为压电效应。（　　）

(2) 磁电式振动速度传感器的工作频率应远大于其固有频率，才能保证幅频不失真测试。（　　）

(3) 在力锤激振中，锤头有钢和橡胶两种材料，其中钢材料的锤头激振频率范围较宽。（　　）

（4）激光干涉仪是利用光的衍射原理，使激光束产生明暗相间的干涉条纹，由光电转换元件接收并转换为电信号。（　　）

（5）常用的温度数值表示方法中，与工作介质无关的是华氏温标。（　　）

4. 简答题（每题6分，共5题，合计30分）

（1）简要说明信号一般有哪几种分类方法？

（2）说明线性系统的频率保持性在测量中的作用？

（3）试说明用哪种类型电涡流式传感器适合测量金属板的位移？并简要叙述其工作原理。

（4）某一传感器的幅频特性曲线如图 14-7 所示，请指出这是哪种类型的振动传感器？为了保证不失真测试，传感器的最佳工作频率范围为多少？在这个频率范围内，已知系统的阻尼比约为 0.7，相位是否失真？

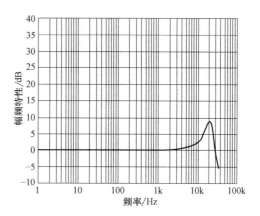

图 14-7　某一传感器的幅频特性曲线

（5）A、B、C 三种不同计权网络在噪声测试中各有什么用途？

5. 计算题（每题10分，共3题，合计30分）

（1）如图 14-8 所示为利用乘法器组成的调幅解调系统框图。设调制信号为余弦函数 $x(t)=\cos(2\pi\times10t)$，载波信号为余弦振荡信号 $y(t)=\cos(2\pi\times1000t)$，放大器的放大倍数为 2，请用图解方法定性画出各环节的幅频谱，并简要说明。

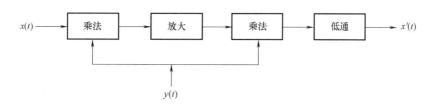

图 14-8　利用乘法器组成的调幅解调系统框图

（2）已知信号 $x(t)$ 为单边指数函数，其频谱为 $X(f)=\dfrac{A}{a+\mathrm{j}2\pi f}$，求以下信号的频谱函数表达式。

1）$x(t)\mathrm{e}^{-\mathrm{j}2\pi f_0 t}$　2）$x(t)*x(t)$　3）$x(t+3t_0)$　4）$x\left(\dfrac{1}{2}t\right)$

（3）有一圆柱形压力传感器，其弹性元件的外径为 600mm，内径为 120mm，弹性模量 $E=2.0\times10^5\mathrm{MPa}$，$\mu=0.3$，在测量前估计最大载荷约为 33520kN，并略有偏载。设计的测量系统的贴片方式如图 14-9 所示，用 YD-15 型动态电阻应变仪测量。

1）为了消除偏载的影响并获得最大的灵敏度，应该如何组桥？

2）选择 YD-15 型动态电阻应变仪哪个衰减档？

3）如果应变仪的输出灵敏度为 $0.093\mathrm{mA}/\mu\varepsilon$，计算其输出电流大小。

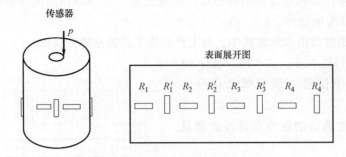

图 14-9 圆柱形压力传感器贴片方式

表 14-1 YD-15 型动态电阻应变仪衰减档参数

衰减档	档 位	1	3	10	30	100
	测量范围/$\mu\varepsilon$	±100	±300	±1000	±3000	±10000

6. 综合应用题（每题 10 分，共 1 题，合计 10 分）

有以下测量仪器和设备：计算机、A/D 转换卡、滤波器、电荷放大器、加速度传感器以及如图 14-10 所示的飞机。请组成测振系统，并运用相干函数，说明图 14-10 中所示座位振动是否由飞机发动机振动引起的。

图 14-10 飞机测振座位与发动机位置示意图

14.2.2 自测试卷试题二答案

1. 单选题答案

（1）C；（2）D；（3）C；（4）C；（5）A；（6）B；（7）D；（8）D；（9）D；（10）B

2. 填空题答案

（1）$\dfrac{1}{3}X\left(\dfrac{f}{3}\right)+\mathrm{e}^{-\mathrm{j}10\pi f}$

（2）总体统计特征

（3）±1

（4）光生伏特

（5）1000Hz

3. 判断题答案

（1）错；（2）对；（3）对；（4）错；（5）错

4. 简答题答案

（1）答：

1）按其随时间变化规律分为确定性信号和非确定性信号。

2）按信号取值特征分为连续信号和离散信号。

3）根据信号用能量或功率表示分为能量信号和功率信号。

（2）答：在实际测试中，测得的信号常常会受到其他信号或噪声的干扰，依据频率保持性可以认定，测得信号中只有与输入信号相同的频率成分才是真正由输入引起的输出。

在故障诊断中，对于测试信号的主要频率成分，依据频率保持性可知，该频率成分是由于相同频率的振动源引起的，找到产生该频率成分的原因，就可以诊断出故障的原因。

（3）答：高频反射式涡流传感器适合测量金属板的位移。

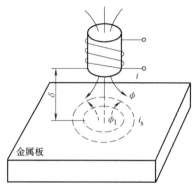

图 14-11　高频反射式涡流
传感器工作原理

高频反射式涡流传感器工作原理如图 14-11 所示。高频（数 MHz 以上）激励电流 i 施加于邻近金属板一侧的线圈，由线圈产生的高频电磁场作用于金属板的表面。在金属板表面薄层内产生涡流 i_s，涡流 i_s 又产生反向的磁场，反作用于线圈上，由此引起线圈电感 L_1 或线圈阻抗 z 的变化。z 的变化程度取决于线圈至金属板之间的距离 δ、金属板的电阻率 ρ、磁导率 μ 以及激励电流 i 的幅值与角频率 ω 等。若固定其他参数，仅仅改变其中线圈至金属板之间的距离 δ 参数，就可以根据涡流大小测量金属板的位移。

（4）答：加速度传感器。最佳工作在 $1 \sim 10\text{kHz}$ 范围内；在此范围内，相位不失真。

（5）答：A 计权网络是效仿频程等响曲线的 40 方曲线设计的。A 声级是单一数值，容易直接测量，并且是噪声的所有频率成分的综合反映，与主观反映接近，故目前在噪声测量中得到广泛的应用，并以它作为评价噪声的标准。

B 计权网络效仿 70 方等响曲线，对低频有衰减。

C 计权网络是效仿 100 方等响曲线，在整个可听频率范围内近于平直的特点，它让所有频率的声音近于一样程度地通过，基本上不衰减，因此 C 计权网络表示总声压级。

5. 计算题答案

（1）解：调制信号 $x(t) = \cos(2\pi \times 10t)$ 幅频谱 $|X(f)|$ 如图 14-12 所示。

第一次乘法后得到信号 $z(t) = x(t)y(t)$，幅频谱 $|Z(f)| = |X(f) * Y(f)|$ 如图 14-13 所示。

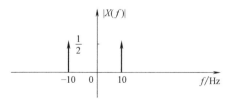

图 14-12　调制信号幅频谱 $|X(f)|$

图 14-13　第一次乘法后得到信号幅频谱 $|Z(f)|$

$z(t)$ 放大后 2 倍后的幅频谱如图 14-14 所示。

第二次乘法后得到信号 $w(t) = 2z(t)y(t)$，幅频谱 $|W(f)| = |2Z(f) * Y(f)|$ 如图 14-15 所示。

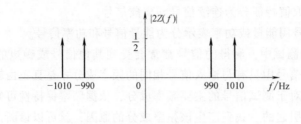

图 14-14　放大信号幅频谱 $|2Z(f)|$

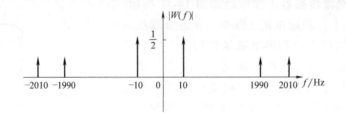

图 14-15　第二次乘法后幅频谱 $|W(f)|$

低通处理后信号 $x'(t)$ 的幅频谱 $|X'(f)|$ 如图 14-16 所示。

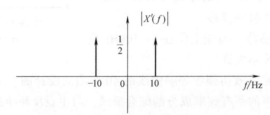

图 14-16　低通处理后幅频谱 $|X'(f)|$

（2）**解：**

1）由频移性质：$x(t)\mathrm{e}^{\pm \mathrm{j}2\pi f_0 t} \Leftrightarrow X(f \mp f_0)$

所以 $x(t)\mathrm{e}^{-\mathrm{j}2\pi f_0 t}$ 的频谱为 $X(f+f_0) = \dfrac{A}{a+\mathrm{j}2\pi(f+f_0)}$

2）由卷积性质得

$$x(t) * x(t) \Leftrightarrow X(f)X(f) = \left(\frac{A}{a+\mathrm{j}2\pi f}\right)^2$$

3）由时移性质得

$$x(t+3t_0) \Leftrightarrow X(f)\mathrm{e}^{\mathrm{j}2\pi f 3 t_0} = \frac{A}{a+\mathrm{j}2\pi f}\mathrm{e}^{\mathrm{j}6\pi f t_0}$$

4）由时间尺度改变性质得

$$x\left(\frac{1}{2}t\right) \Leftrightarrow 2X(2f) = \frac{2A}{a+\mathrm{j}2\pi \times 2f} = \frac{2A}{a+\mathrm{j}4\pi f}$$

（3）**解：**

1）组桥方式如图 14-17 所示。

2）

$$A = \frac{\pi}{4}(D^2 - d^2) = \frac{\pi}{4}(600^2 - 120^2)\,\text{mm}^2 \approx 271434\,\text{mm}^2$$

$$\sigma = \frac{F}{A} = \frac{33520 \times 10^3}{271296}\,\text{MPa} \approx 123.5\,\text{MPa}$$

$$\varepsilon = \frac{\sigma}{E} = \frac{123.5}{2 \times 10^5} = 617.5\mu\varepsilon$$

$$\varepsilon_{\text{仪}} = 2(1+\mu)\varepsilon = 2 \times (1+0.3) \times 617.5\mu\varepsilon = 1605.5\mu\varepsilon$$

应变仪应该选择 30 档。

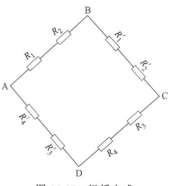

图 14-17 组桥方式

3）输出电流的幅值：

$$I = \varepsilon_{\text{仪}} \times 0.093/30 = 1605.5 \times 0.0031\,\text{mA} \approx 4.977\,\text{mA}$$

6. 综合应用题答案

答：分别采集座位和发动机的振动信号，测振系统结构如图 14-18 所示。

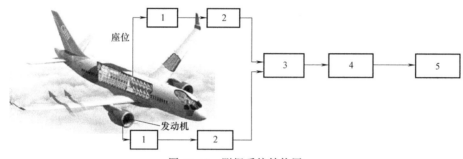

图 14-18 测振系统结构图

由加速度传感器 1、电荷放大器 2、滤波器 3、A/D 板 4、计算机 5 组成测振系统。

将座位和发动机采集的振动信号进行自谱 $S_x(f)$、$S_y(f)$ 和互谱 $S_{xy}(f)$ 分析后，再进行相干函数分析，相干函数公式为 $\gamma_{xy}^2(f) = \dfrac{|S_{xy}(f)|^2}{S_x(f)S_y(f)}(0 \leqslant \gamma_{xy}^2(f) \leqslant 1)$。如果各频率下的相干函数值基本为 1，可判定飞机座位振动是由飞机发动机振动引起的。

相干函数曲线如图 14-19 所示。

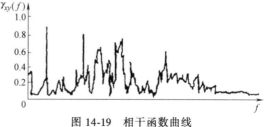

图 14-19 相干函数曲线

14.3 自测试卷试题三及答案

14.3.1 自测试卷试题三

1. 单项选择题（每题 2 分，共 10 题，合计 20 分）

（1）傅里叶变换中，若时域中的时间尺度扩展，则在频域中的频谱会产生（　　　）。

（A）频带变宽，幅值增高　　　　　　　（B）频带变窄，幅值降低

（C）频带变窄，幅值增高　　　　　　　（D）频带变宽，幅值降低

（2）测试装置能检测输入信号的最小变化能力，称为（　　　）。

（A）精度　　　　（B）灵敏度　　　　（C）精密度　　　　（D）分辨力

（3）关于可变磁阻式传感器，（　　　）的说法是错误的。

（A）可以把双螺管差动型的线圈作为电桥的两个桥臂

（B）采用差动连接方式可以提高灵敏度和线性

（C）变气隙型的灵敏度比面积型的灵敏度高

（D）自感与气隙长度成正比例，与气隙导磁截面积成反比例

（4）下列（　　　）传感器较适合于测量旋转轴的转速。

（A）电涡流，电阻应变，电容

（B）磁电感应，电涡流，光电

（C）硅光电池，霍尔，压磁

（D）压电，霍尔，电感式

（5）下列（　　　）为不正确叙述。

（A）低通滤波器带宽越窄，表示它对阶跃响应的建立时间越短

（B）截止频率为幅频特性值 $A_0/\sqrt{2}$ 所对应的频率

（C）截止频率为对数幅频特性衰减 3dB 所对应的频率

（D）带通滤波器的带宽为上、下限截止频率之间的频率范围

（6）恒带宽比滤波器组中，各滤波器的（　　　）相同。

（A）增益　　　　（B）带宽　　　　（C）中心频率　　　　（D）截止频率

（7）以下参数中（　　　）是对随机误差分散性的描述。

（A）均值　　　　（B）众数　　　　（C）平均偏差　　　　（D）中位数

（8）惯性式加速度计的测振频率应（　　　）其固有频率。

（A）远小于　　　　（B）远大于　　　　（C）接近于　　　　（D）等于

（9）为使信号电缆的长短不影响压电传感器的测量精度，传感器的放大电路应选用（　　　）放大器。

（A）电压　　　　（B）电荷　　　　（C）功率　　　　（D）积分

（10）用一热电偶测量炉温，冷端温度为 30℃。实测电动势为 9.38mV，在热电偶分度表中对应 $E(T, T_0)$ 的 $T = 985℃$，$T_0 = 30℃$。由 30℃ 查分度表，有 $E(30℃, 0) = 0.17mV$，则实际的炉温 T 为（　　　）。

（A）热电偶分度表中 9.55mV 对应的 $E(T, 0)$ 的 T 值

（B）1015℃

（C）热电偶分度表中 9.21mV 对应的 $E(T, 0)$ 的 T 值

（D）955℃

2. 填空题（每空 1 分，共 5 题，合计 5 分）

（1）已知信号 $x(t)$ 的频谱为 $X(f) = \dfrac{A}{a + j2\pi f}$，利用傅里叶变换的性质，信号 $x(t) e^{j2\pi f_0 t}$ 的频谱为（　　　）。

（2）若周期信号的周期为 T，则在其幅值谱中，谱线的高度表示（　　　　）。

（3）若信号 $x(t)$ 和 $y(t)$ 满足 $y(t)=kx(t)+b$ 的关系，其中 k、b 为常数，则其相干函数为（　　　　）。

（4）半导体材料受到应力作用时，其电阻率会发生变化，这种现象称为（　　　　）效应。

（5）频率比为（　　　　）的两个频率之间的频段称为三分之一倍频程。

3. 判断题（每空 1 分，共 5 题，合计 5 分）

（1）准确度是反映测量中系统误差的大小。（　　　）

（2）在测量转轴扭矩时，应变计应安装在与轴中心线成 ±60° 的方向上。（　　　）

（3）脉冲锤敲击被测对象，对被测对象施加一个力脉冲，脉冲的持续时间为 τ。τ 取决于锤端的材料，材料越硬，τ 越大，则频率范围越大。（　　　）

（4）二阶测试装置，其阻尼比 ζ 为 0.6~0.7 时，可以获得较好的幅频和相频特性。（　　　）

（5）只有当热电偶参考端的温度不变时，热电动势才是被测温度的单值函数。（　　　）

4. 简答题（每题 6 分，共 5 题，合计 30 分）

（1）图 14-20 和图 14-21 所示为某一测试装置的幅频和相频特性，当输入信号分别为 $x_1(t)=A_1\sin\omega_1 t+A_2\sin\omega_2 t$ 和 $x_2(t)=A_1\sin\omega_1 t+A_4\sin\omega_4 t$ 时（A_1、A_2、A_3、A_4 为非零常数），输出信号是否失真，为什么？

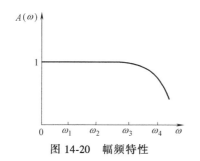

图 14-20　幅频特性

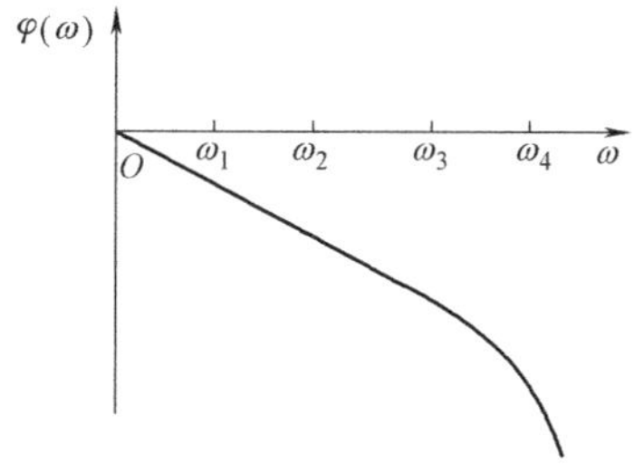

图 14-21　相频特性

（2）图 14-22 所示是用涡流传感器测量物体位移的示意图。如果物体是塑料的，测量方法是否可行？为什么？如何做才能进行测量？

（3）信号分析得到相关函数波形如图 14-23 所示，问：

1）如果是两个同频正弦信号，请问图 14-23 所示波形是两个同频正弦信号的自相关函数还是互相关函数？为什么？

2）从图 14-23 所示波形中可以获得两个同频正弦信号的哪些信息？

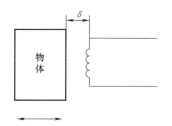

图 14-22　用涡流传感器测量物体位移图

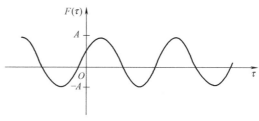

图 14-23　相关函数波形

（4）在数据采集中，频率叠混是怎样产生的，如何避免叠混？

（5）说明长光栅的构成和工作原理。

5. 计算题（每题 10 分，共 3 题，合计 30 分）

（1）单边指数函数 $x(t) = Ae^{-at}$ $(t \geq 0)$ 与余弦振荡信号 $y(t) = \cos(2\pi \times 1000t)$ 的乘积为 $z(t) = x(t)y(t)$，在信号调制中，$x(t)$ 叫调制信号，$y(t)$ 叫载波，$z(t)$ 便是调幅信号。请用图解方法定性画出 $x(t)$、$y(t)$、$z(t)$ 的时域波形及幅频图，并简要说明。

（2）利用傅里叶级数变换的三角函数式和时移特性，画出周期方波 $x\left(t + \dfrac{T_0}{4}\right)$ 的频谱图，T_0 为方波周期，其中 $x(t) = \begin{cases} -A & -T_0/2 \leq t < 0 \\ A & 0 \leq t < T_0/2 \end{cases}$。

（3）有一薄壁圆管式拉力传感器如图 14-24 所示。已知薄壁圆管材料的泊松比 μ 为 0.3，电阻应变片 R_1、R_2、R_3 和 R_4 阻值相同，且灵敏系数 K 均为 2，应变计贴片位置如图 14-24 所示。若受拉力 P 作用，问：

1）欲测量拉力 P 的大小，应如何正确组成电桥？请画出相应的电桥。

2）当供桥电压 $e_i = 2V$，应变计 R_1、R_2 的应变值为 $\varepsilon_1 = \varepsilon_2 = 300\mu\varepsilon$ 时，输出电压 e_0 是多少？

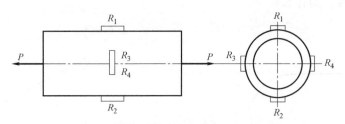

图 14-24　薄壁圆管式拉力传感器应变片贴片

6. 综合应用题（每题 10 分，共 1 题，合计 10 分）

利用信号相关分析方法，组建测试系统，实现如图 14-25 所示管道漏点位置的定位（传感器 1 和传感器 2 为声响传感器，v 为声响通过管道的传播速度），并简述测量原理。（要求画出测试系统的组成框图）

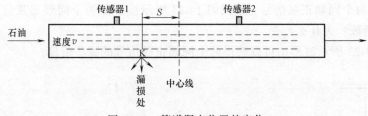

图 14-25　管道漏点位置的定位

14.3.2　自测试卷试题三答案

1. 单选题答案

（1）C；（2）D；（3）D；（4）B；（5）A；（6）A；（7）C；（8）A；（9）B；（10）A

2. 填空题答案

（1） $\dfrac{A}{a+\mathrm{j}2\pi(f-f_0)}$

（2）各次谐波分量的幅值

（3）1

（4）压阻

（5） $2^{1/3}$

3. 判断题答案

（1）对；（2）错；（3）错；（4）对；（5）对

4. 简答题答案

（1）答：根据测试系统实现不失真测试的条件，若要输出波形精确地与输入波形一致而没有失真，则装置的幅频、相频特性应分别满足 $A(\omega)=C$、$\varphi(\omega)=-t_0w$。

由图14-20可以看出，当输入信号频率 $\omega\le\omega_3$ 时，装置的幅频特性 $A(\omega)=1$，图14-21所示相频曲线为线性；而当 $\omega>\omega_3$ 时，幅频曲线下跌且相频曲线呈非线性。输入信号 $x_1(t)$ 频率在 $\omega\le\omega_3$ 范围内，$x_1(t)$ 能保证输出不失真；而信号 $x_2(t)$ 中，有 $\omega=\omega_4>\omega_3$，所以 $x_2(t)$ 输出信号失真。

（2）答：不可行。因为电涡流传感器是电感传感器的一种形式，是利用金属导体在交变磁场中的涡流效应进行工作的，而塑料不是导体，不能产生涡流效应，故不可行。可以在被测物体表面粘贴金属。

（3）答：

1）图14-23所示为互相关函数。因为自相关函数为偶函数，而图14-23所示是非奇非偶函数。

2）频率信息：两个同频正弦信号的频率与图14-23所示波形频率相同。

相位信息：图14-23所示波形中的初相位是两同频正弦信号的相位差。

幅值信息：图14-23所示波形的振幅是两同频正弦信号幅值乘积的一半。

均值信息：图14-23所示波形的均值为零，两个同频正弦信号至少有一个信号均值为零。

（4）答：由于在时域上不恰当地选择采样的时间间隔而引起频域上高低频之间彼此混淆。为了避免频率叠混，同时应使采样频率 f_s 大于带限信号的最高频率 f_c 的2倍。

（5）答：光栅式传感器利用光栅的莫尔条纹现象进行测量。刻有条纹的两块直光栅，即标尺光栅和指示光栅，组成光栅副。将其置于平行光束的光路中，二光栅线相互成微小的角度 θ，则在近似垂直于栅线的方向上显示明暗相间，距离为 B 的条纹，即"莫尔条纹"。当标尺光栅沿垂直于栅线的方向每移动一个栅距 W 时，莫尔条纹近似沿栅线方向移过一个条纹间距 B，有 $W/B\approx\theta$。用光电元件接收莫尔条纹信号，经电路处理后用计数器可得到标尺光栅移过的距离 W。

5. 计算题答案

（1）解：单边指数函数 $x(t)=Ae^{-at}(t\ge0)$ 的时域波形与幅频图如图14-26所示。

余弦振荡信号 $y(t)=\cos(2\pi\times1000t)$ 的时域波形与幅频图如图14-27所示。

$z(t)=x(t)y(t)$，两个时间函数乘积的傅里叶变换等于它们各自傅里叶变换的卷积，

$Z(f) = X(f) * Y(f)$，$z(t)$ 时域波形与频幅图如图 14-28 所示。

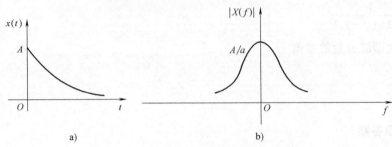

图 14-26　单边指数函数的时域波形与幅频图

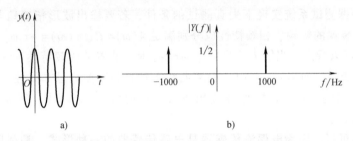

图 14-27　余弦振荡信号的时域波形与幅频图

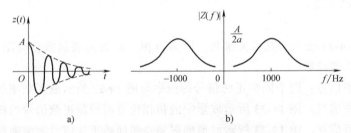

图 14-28　$z(t)$ 时域波形与幅频图

（2）**解**：如图 14-29 所示，周期方波 $x(t)$ 在一个周期内的表示式为

$$x(t) = \begin{cases} A & 0 \leqslant t < T_0/2 \\ -A & -T_0/2 \leqslant t < 0 \end{cases}$$

因 $x(t)$ 是奇函数，所以有 $a_0 = 0$，$a_n = 0$

$$b_n = \frac{2}{T_0} \int_{-T_0/2}^{T_0/2} x(t) \sin n\omega_0 t\,\mathrm{d}t = \frac{4}{T_0} \int_0^{T_0/2} A \sin n\omega_0 t\,\mathrm{d}t$$

$$= -\frac{4A}{T_0} \frac{\cos n\omega_0 t}{n\omega_0} \bigg|_0^{T_0/2}$$

$$= -\frac{2A}{\pi n} (\cos \pi n - 1)$$

$$= \begin{cases} \dfrac{4A}{\pi n} & n = 1,\ 3,\ 5,\ \cdots \\ 0 & n = 2,\ 4,\ 6,\ \cdots \end{cases}$$

于是，有

$$x(t) = \frac{4A}{\pi}\left(\sin\omega_0 t + \frac{1}{3}\sin 3\omega_0 t + \frac{1}{5}\sin 5\omega_0 t + \cdots\right)$$

$$\phi_n = \arctan\left(\frac{a_n}{b_n}\right) = \arctan\left(\frac{0}{b_n}\right) = 0$$

因为时移特性只改变相频谱，相移 $2\pi f t_0$，这里 $\omega_0 = \dfrac{2\pi}{T_0}$，$t_0 = \dfrac{T_0}{4}$，所以 $\varphi_n = n\omega_0 t_0 = n\dfrac{\pi}{2}$

$n = 1, 3, \cdots$

$x\left(t + \dfrac{T_0}{4}\right)$ 的幅频图如图 14-30a 所示，相频图如图 14-30b 所示。

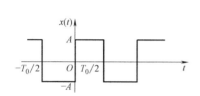

图 14-29 周期方波 $x(t)$ 的时域波形

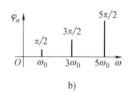

图 14-30 $x\left(t + \dfrac{T_0}{4}\right)$ 的幅频图和相频图

（3）答：

1）为测量拉力 P 的大小，测量电桥如图 14-31 所示。

2）设 R_1、R_2、R_3、R_4 应变分别为 ε_1、ε_2、ε_3、ε_4。

应变计 R_1、R_2 的应变值为 $\varepsilon_1 = \varepsilon_2 = 300\mu\varepsilon$

材料的泊松比 μ 为 0.3，R_3、R_4 的应变 $\varepsilon_3 = \varepsilon_4 = -\mu\varepsilon_1 = -0.3 \times 300\mu\varepsilon = -90\mu\varepsilon$

$$e_0 = \frac{1}{4}Ke_i(\varepsilon_1 + \varepsilon_2 - \varepsilon_3 - \varepsilon_4)$$

$$= \frac{1}{4} \times 2 \times 2 \times [300 + 300 - (-90) - (-s90)]\mu V = 0.78mV$$

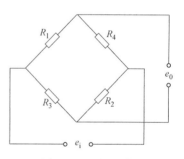

图 14-31 测量电桥

6. 综合应用题答案

答：测试系统组成框图如图 14-32 所示。

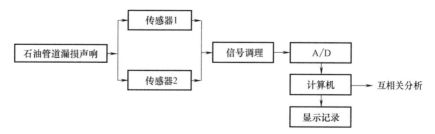

图 14-32 测试系统组成框图

测试原理：

漏损处 K 为向两侧传播声响的声源。在两侧管道上分别放置传感器 1 和 2，测得声响信号 $x_1(t)$ 和 $x_2(t)$。放传感器的两点距漏损处如果距离不相等，漏油的声响传至两传感器就有时差 τ_m。在互相关函数图上 $\tau = \tau_m$ 处，$R_{x1x2}(\tau)$ 有最大值，如图 14-33 所示，由 τ_m 可确定漏损处的位置。v 为声响通过管道的传播速度。

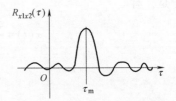

图 14-33　$R_{x1x2}(\tau)$ 互相关函数图

放传感器的两点距漏损处如果距离相等，漏油的声响传至两传感器没有时差，在互相关函数图上 $\tau = 0$ 处，$R_{x1x2}(\tau)$ 有最大值，漏损处位于两传感器的中间。

$$S = \frac{1}{2} v \tau_m$$

参 考 文 献

［1］　谢里阳，孙红春，林贵瑜. 机械工程测试技术 ［M］. 北京：机械工业出版社，2012.

［2］　张洪亭，王明赞. 测试技术 ［M］. 沈阳：东北大学出版社，2005.

［3］　WHDDLER A J，GANJI A R. Introduction to Engineering Experimentation ［M］. Upper Saddle River：Pearson Prentice Hall，2010.

［4］　黄长艺，严普强. 机械工程测试技术基础 ［M］. 2 版. 北京：机械工业出版社，1995.

［5］　于永芳，郑仲民. 检测技术 ［M］. 北京：机械工业出版社，1996.

［6］　BENTLEY J P. Principles of Measurement Systems ［M］. London：longman，2005.

［7］　BECKWITH T G，BUCK N L，MARANGONI R D，Mechanical Measurements ［M］. Reading：Addison-Wesley Publishing Company，Inc. ，1981.

［8］　封士彩. 测试技术学习指导及习题详解 ［M］. 北京：北京大学出版社，2009.

［9］　李玮华. 机械工程测试技术基础学习指导、典型题解析与习题解答 ［M］. 北京：机械工业出版社，2013.

［10］　王明赞，张洪亭. 传感器与测试技术 ［M］. 沈阳：东北大学出版社，2014.